彩图 9　姬菇子实体

彩图 10　鲍鱼菇

彩图 11　杏鲍菇子实体

彩图 12　白灵菇子实体

彩图 13　元蘑子实体

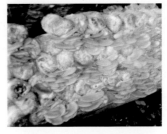

彩图 14　元蘑墙式栽培

彩图 15　元蘑竖袋栽培

彩图 16　元蘑干品

彩图 17　秀珍菇子实体

彩图 18　阿魏菇子实体

彩图 19　榆黄菇子实体

彩图 20　榆黄菇幼菇

彩图 21　红平菇子实体

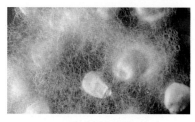

彩图 22　毛霉

彩图 23　根霉

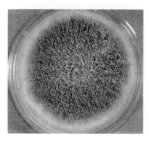

彩图 24　黄曲霉

彩图 25　杂色曲霉

彩图 26　青霉

彩图 27　木霉

彩图 28　链孢霉

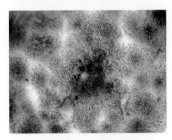

彩图 29　链格孢霉

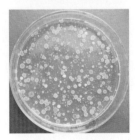

彩图 30　酵母菌

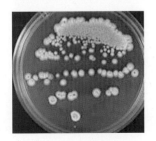

彩图 31　细菌

彩图 32　放线菌

彩图 33 螨虫

彩图 34 菇蚊成虫

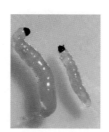

彩图 35 菇蚊幼虫

彩图 36 菇蚊蛹

彩图 37 瘿蚊成虫

彩图 38 瘿蚊幼虫

彩图 39 瘿蚊蛹

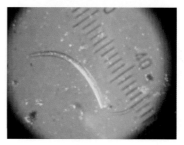

彩图 40 线虫

平菇类珍稀菌
高效栽培

主　编　牛贞福　赵淑芳

副主编　王　猛　国淑梅

参　编　周　军　黄贤举　邵珠成

机械工业出版社

本书总结归纳了平菇类珍稀食用菌的种类和高效栽培技术，较为全面地对平菇类珍稀食用菌的基础知识、菌种制作、高效栽培、病虫害的诊断与防治进行了介绍，并对有关品种的工厂化生产予以介绍。另外，本书设有"提示""注意""窍门"等小栏目，配有平菇类珍稀食用菌高效栽培实例和生产过程中的 20 多个操作技术视频以二维码的形式呈现给读者，内容全面、翔实，图文并茂，通俗易懂，实用性强，可以帮助有关食用菌生产企业、合作社、菇农等人员更好地掌握平菇类珍稀食用菌高效栽培的技术要点。

本书适合食用菌菌种制作和高效栽培的企业、合作社、菇农及农业技术推广人员使用，也可供农业院校相关专业的师生学习参考。

图书在版编目（CIP）数据

平菇类珍稀菌高效栽培/牛贞福，赵淑芳主编 . —北京：机械工业出版社，2016.4（2019.6 重印）
（高效种植致富直通车）
ISBN 978-7-111-53001-5

Ⅰ . ①平… Ⅱ . ①牛… ②赵… Ⅲ . ①平菇 – 蔬菜园艺 Ⅳ . ①S646.1

中国版本图书馆 CIP 数据核字（2016）第 031012 号

机械工业出版社（北京市百万庄大街 22 号　邮政编码 100037）
总 策 划：李俊玲　张敬柱　　　策划编辑：高 伟　郎　峰
责任编辑：高 伟　郎　峰　李俊慧　责任校对：炊小云
责任印制：乔　宇
北京云浩印刷有限责任公司印刷
2019 年 6 月第 1 版第 3 次印刷
140mm × 203mm · 7.875 印张 · 2 插页 · 209 千字
6001—7900 册
标准书号：ISBN 978-7-111-53001-5
定价：29.80 元

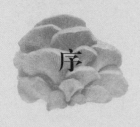

序

　　园艺产业包括蔬菜、果树、花卉和茶等，经多年发展，园艺产业已经成为我国很多地区的农业支柱产业，形成了具有地方特色的果蔬优势产区，园艺种植的发展为农民增收致富和"三农"问题的解决做出了重要贡献。园艺产业基本属于高投入、高产出、技术含量相对较高的产业，农民在实际生产中经常在新品种引进和选择、设施建设、栽培和管理、病虫害防治及产品市场发展趋势预测等诸多方面存在困惑。要实现园艺生产的高产高效，并尽可能地减少农药、化肥施用量以保障产品食用安全和生产环境的健康离不开科技的支撑。

　　根据目前农村果蔬产业的生产现状和实际需求，机械工业出版社坚持高起点、高质量、高标准的原则，组织全国20多家农业科研院所中理论和实践经验丰富的教师、科研人员及一线技术人员编写了"高效种植致富直通车"丛书。该丛书以蔬菜、果树的高效种植为基本点，全面介绍了主要果蔬的高效栽培技术、棚室果蔬高效栽培技术和病虫害诊断与防治技术、果树整形修剪技术、农村经济作物栽培技术等，基本涵盖了主要的果蔬作物类型，内容全面，突出实用性，可操作性、指导性强。

　　整套图书力避大段晦涩文字的说教，编写形式新颖，采取图、表、文结合的方式，穿插重点、难点、窍门或提示等小栏目。此外，为提高技术的可借鉴性，书中配有果蔬优势产区种植能手的实例介绍，以便于种植者之间的交流和学习。

　　丛书针对性强，适合农村种植业者、农业技术人员和院校相关专业师生阅读参考。希望本套丛书能为农村果蔬产业科技进步和产业发展做出贡献，同时也恳请读者对书中的不当和错误之处提出宝贵意见，以便补正。

中国农业大学农学与生物技术学院

前　言

　　平菇、杏鲍菇、秀珍菇、白灵菇等侧耳属食用菌，是伞菌目中的大类，也是目前食用菌中生产种类较多、规模较大的属。其中，2014 年平菇产量为 545.78 万吨，杏鲍菇产量为 125.36 万吨，秀珍菇产量为 37.14 万吨，白灵菇产量为 11.89 万吨，榆黄菇产量为 0.248 万吨。随着"一荤一素一菇"科学膳食结构的推广，我国掀起了食用菌消费的热潮，平菇类珍稀菌菜肴走进千家万户，成为舌尖上不可缺少的美味。

　　随着现代农业、生物技术、设施环境控制的发展，平菇类珍稀菌生产的实践性、操作性、创新性和规范性日显突出，技术日臻完善，逐步朝着专业化、机械化、集约化、规模化、工厂化方向发展，广大食用菌从业者迫切需要了解、认识和掌握平菇类珍稀菌的新品种、新技术、新工艺、新方法，提高栽培的技术水平和经济效益，这就需要更广泛地普及平菇类珍稀菌的科技知识，以推动食用菌产业的发展。为此，编者深入生产一线，调查平菇类珍稀菌生产中存在的难题、疑点，总结经验，结合自己的教学科研成果和多年来在指导生产中积累的心得体会，并参阅了大量的相关教材、著作和文献，力使本书内容丰富、新颖；为了使本书内容形象生动，具有较强的可读性和适用性，编者尽可能引用具有代表性和典型的照片、图片、示意图。本书还加入了近年来平菇类珍稀菌行业涌现出的新技术，如液体菌种生产、工厂化生产等。

　　侧耳属为木腐菌，虽然它们的自然分布和对环境的适应性存在一定的差别，但是其菌种制作、生物学特性、栽培方式和栽培技术均有相似性。本书介绍了 10 种常见侧耳的生物学特性和高效栽培方法，为节省篇幅，平菇类珍稀菌基础知识、菌种制作和病虫害高效防控等章节采用了综合论述的方法。

　　需要特别说明的是，本书所用药物及其使用剂量仅供读者参考，不可完全照搬。在实际生产中，所用药物学名、通用名与实际商品名称存在差异，药物浓度也有所不同，建议读者在使用每一种药物之前，参阅厂家提供的产品说明以确认药物用量、用药方法、用药时间及禁忌等。

本书由山东农业工程学院、山东省农业技术推广总站、聊城市东昌府区利民食用菌专业合作社、禹城市清香园蔬菜种植专业合作社、山东省成武县春城食用菌种植专业合作社等单位长期从事食用菌教学、科研、技术推广、生产的具有丰富侧耳栽培实践经验的人员合作编写而成。

由于编者水平有限，加之编写时间比较仓促，书中难免存在不足之处，敬请广大读者提出宝贵意见，以便再版时修正。

编　者

目　录

第十三章　常见病虫害及其防治

第十四章　平菇类珍稀菌高效栽培实例

附录

参考文献

第一章
平菇类珍稀菌栽培基础知识

第一节　侧耳属种类资源

一　分类地位及一般特征

1. 分类地位

侧耳属 ［*Pleurotus*（Fr.）Kumm.］是由真菌学家 P. Kummer（1871）首先以蘑菇属的 *Agaricus ostreatus* Jacq. exFr. 为模式种而建立的，属于香菇科，全世界约有50种，我国目前包括野生和引种栽培的已知种类达36种，是侧耳属真菌种类资源较为丰富的国家之一。

2. 一般特征

子实体比较大，呈典型的扇形或半圆形。有柄或无柄，如果有柄则为侧生或偏生，实心，多无菌环。菌肉白色，肉厚。单型菌丝系统，具有锁状联合。与香菇属相比，侧耳属食用菌缺乏菌丝柱。孢子印呈白色，孢子呈椭圆形、圆柱形或柱形，无色，非淀粉质。多数生于阔叶树干、枯立木或倒木上。分布于世界各地，是广布属。

二　开发利用价值

侧耳属真菌易于栽培、产量高，是重要的食用和药用经济真菌。据了解，侧耳属食用菌的产量占世界蘑菇总产量的1/4左右，主要的栽培种类有糙皮侧耳、漏斗状侧耳、金顶侧耳、囊状侧耳、扇形侧耳、美味侧耳和阿魏侧耳等。近年来，又有一些新的栽培种类从国外引进，如红平菇、杏鲍菇、佛州侧耳等。

侧耳属真菌含有丰富的营养成分，如蛋白质，人体必需的氨基酸，钾、磷、镁、钙、铁、锰、铜、锌等多种微量元素，有机酸，脂肪及脂肪酸，糖和复杂多样的香气成分。经研究证明，侧耳属真菌的药用价值也是很高的，如漏斗状侧耳的水提物通过静脉输入后使大鼠的血压明显下降；糙皮侧耳的子实体能够降低血脂和胆固醇，其多糖也有抗肿瘤活性；金顶侧耳的多糖 PC-4 对小鼠移植肿瘤抑制率为 67%；糙皮侧耳和金顶侧耳也有清除 OH⁻ 自由基的活性。

三　我国已知种类及其地理生态分布

（1）鲍鱼侧耳　又称鲍鱼菇、台湾平菇、高温平菇、平菇，夏季生于榕树等阔叶树树干上。分布于四川、台湾、福建、广东，可食用。

（2）白侧耳　又称浅白侧耳，夏秋季生于腐木上。分布于广东、海南，可食用。

（3）鹅色侧耳　又称短柄侧耳，夏秋季生于桦、栎树等阔叶树的枯木上。分布于四川、西藏、云南，可食用。

（4）薄皮侧耳　生于阔叶树的枝上或蕨类的干上。分布于广东，可食用。

（5）金顶侧耳　又称金顶蘑、榆黄蘑、核桃菌、黄冻菌，夏秋季生于榆、栎树等阔叶倒木上或枯立木上。分布于黑龙江、吉林、辽宁、河北、山西、湖南、四川、广东、西藏，食、药兼用。

（6）黄白侧耳　又称美味侧耳、小平菇、姬菇、紫孢侧耳、白黄侧耳，春秋季生于阔叶树枯木上。分布于黑龙江、吉林、河北、河南、陕西、山西、山东、河南、湖南、江苏、浙江、安徽、江西、广西、海南、云南、四川、新疆、西藏，食、药兼用。

（7）裂皮侧耳　秋季生于阔叶树的腐木上。分布于黑龙江、吉林、河北、甘肃、广西、新疆、香港，食、药兼用。

（8）杯状侧耳（小白轮）　生于阔叶树的枯枝上。分布于湖南、广西，可食用。

（9）盖囊侧耳　又称盖囊菇、鲍鱼菇、台湾平菇、高温平菇、泡囊状侧耳，夏秋季生于阔叶树枯木上。分布于福建、台湾、广东，可食用。

（10）红侧耳　又称红平菇、泰国红平菇，夏秋季生于泛热带地区的阔叶树木的枯干上。分布于华南地区，可食用。

（11）栎生侧耳　秋季生于多种阔叶树上。分布于黑龙江、吉林、河北、四川、贵州、新疆、福建，可食用。

（12）刺芹侧耳　又称杏鲍菇、杏仁鲍鱼菇，春夏季生于伞形花科植物刺芹的根部，为福建、台湾引进种，可食用。

（13）阿魏侧耳　又称阿魏蘑菇、白灵菇、白灵侧耳、阿魏蘑，春季生于伞形花科植物阿魏的根上。分布于新疆，食、药兼用。

（14）白阿魏侧耳　又称白阿魏蘑，春末生于阿魏根上。分布于四川、新疆，食、药兼用。

（15）阿魏侧耳托里变种　春季生于阿魏根上。分布于新疆，可食用。

（16）真线侧耳　又名扇形侧耳、扇形平菇，春至秋季生于阔叶树的腐木上。分布于海南、云南、四川、西藏、广东，可食用。

（17）扇形侧耳　夏秋季生于树桩上。分布于四川、云南、广东、西藏，可食用。

（18）柔膜侧耳　又名小亚侧耳，生于混交林内枯枝及倒木上。分布于香港，可食用。

（19）佛罗里达侧耳　又名佛罗里达平菇、佛州侧耳，秋季生于杨、栎树等阔叶树干上，为引进栽培种，可食用。

（20）腐木生侧耳　又名腐木侧耳、木生侧耳，夏秋季生于阔叶树腐木上。分布于吉林、四川、广东、西藏、香港，可食用。

（21）小白侧耳　夏季生于阔叶树的倒木上。分布于黑龙江、吉林、广东、广西、云南、西藏、甘肃、青海、新疆、台湾，可食用。

（22）温和侧耳　生于腐木上。分布于广东、海南，可食用。

（23）蒙古侧耳　生于阔叶树树干上。分布于内蒙古，可食用。

（24）黄毛侧耳　生于阔叶树的倒木、腐木上。分布于黑龙江、吉林、甘肃、新疆、青海、广东、广西、四川，可食用。

（25）**薄盖侧耳** 夏秋季生于腐木上。分布于西藏、云南，可食用。

（26）**侧耳** 又名平菇、北风菌、粗皮侧耳、糙皮侧耳、青蘑、冻蘑、天花菌、鲍鱼菇、灰蘑、黄蘑、元蘑、白香菇、杨树菇、傍脚菇、边脚菇、青树窝、蛤蜊菌，春秋季生于各种阔叶树干上。分布于河北、山西、内蒙古、黑龙江、吉林、辽宁、江苏、山东、河南、湖北、湖南、江西、陕西、甘肃、四川、新疆、西藏、广东、广西、云南、贵州、浙江、安徽、福建、香港、台湾，食、药兼用。

（27）**宽柄侧耳** 生于阔叶树的腐木上。分布于海南，可食用。

（28）**贝形侧耳** 生于针叶树的腐木上。分布于吉林、山西、安徽、福建、河南、湖北、广东、云南、贵州、四川、西藏，可食用。

（29）**漏斗状侧耳** 又名凤尾菇、印度鲍鱼菇、喜马拉雅山平菇、环柄斗菇、环柄侧耳、肺形侧耳，春夏秋季生于阔叶树树干上。分布于黑龙江、陕西、河南、湖南、福建、云南、广东、广西、海南、西藏、台湾，可食用。

（30）**粉褶侧耳** 又名粉红褶侧耳，夏秋季生于阔叶树的倒木上。分布于吉林、湖南、海南、福建、广东，可食用。

（31）**桃红侧耳** 又名草红平菇、桃红平菇、红平菇，夏秋季生于阔叶树的枯木、倒木、树桩上。分布于东北、福建、江西，可食用。

（32）**紫孢侧耳** 又名美味侧耳、青蘑，夏秋季生于杨树等阔叶树的枯立木、倒木、枝条上。分布于黑龙江、吉林、辽宁、河北、甘肃、陕西、河南、湖南、山东、江苏、安徽、浙江、江西、四川、云南、贵州、广东、广西、海南、新疆，可食用。

（33）**小白扇侧耳** 又名小白扇，生于阔叶树的腐木或枯枝上。分布于河北、山西、福建、广东、云南、海南、湖南，可食用。

（34）**长柄侧耳** 又名灰白侧耳、匙形侧耳、灰冻菌，秋季生于阔叶树树干上。分布于吉林、云南、贵州、西藏、海南、香港，食、药兼用。

（35）具核侧耳 又名菌核侧耳、核平菇、虎奶菌、茯苓侧耳，夏秋季生于柳叶桉树等阔叶树的根或埋木上。分布于云南，食、药兼用。

（36）榆侧耳 又名大榆蘑，秋季生于榆树或其他阔叶树树干上。分布于吉林、青海，可食用。

第二节　平菇类珍稀菌的分类

一　侧耳属特征

平菇类珍稀菌寄生于木本植物或草本植物上。

子实体侧耳状，大小不一，成熟后长 10~20cm，单生或丛生、簇生；菌盖表面光滑或被绒毛或裂成斑块状；菌肉肉质或具有中等硬度，厚薄不均，湿润条件下复原能力强；菌褶延生，几乎不分枝，具有小菌褶，褶缘通常完整或少有锯齿状；菌柄侧生、偏生、中生或无；菌幕或有或无。能形成似孢梗束的无性型或不能形成。

担子长短不一（18~80μm），是担孢子的 2~6 倍；担孢子表面光滑，多油滴状内含物或无，无色，球形、椭圆形或圆筒形，几乎不呈香肠状，非淀粉质；孢子印白色、奶油色或浅紫色等。

褶缘生囊状体或无，担子状或不规则状，但非锥形、纺锤形；侧生囊状体或无，如果有，为不育担子状。

子实下层发达、分化良好；宽子实层菌髓由下行菌丝通过菌丝分枝紧密交织而成不规则形或规则形。

单系菌丝系统或二系菌丝系统，生殖菌丝薄壁、厚壁或菌丝有硬化现象发生，具有锁状联合；菌丝通常或多或少具有膨胀现象或无膨胀；如果为二系菌丝系统，则还具有骨架菌丝或具有顶生于生殖菌丝上的骨架菌丝细胞，厚壁，无锁状联合。

二　侧耳属分亚属、分种检索表

侧耳属分亚属、分种检索表见表1-1。

5

表1-1　侧耳属分亚属、分种检索表

形态特征	分类
1. 子实体具有菌幕或子实体发育初期具有菌幕	2
2. 子实体具有菌幕	具盖侧耳
2. 子实体发育初期具有菌幕	3
3. 菌褶边缘为典型的锯齿状,菌褶菌髓具二系菌丝系统	栎生侧耳
3. 菌褶边缘平滑,菌褶菌髓不规则形,二系菌丝系统	裂皮侧耳
1. 子实体不具有菌幕和子实体发育初期无菌幕	4
4. 严格的单系菌丝系统,具有孢梗束形成的无性型	帚丝亚属
4. 单系菌丝系统或二系菌丝系统,不具有孢梗束形成的无性型	侧耳亚属
5. 菌柄侧生,菌褶菌髓规则形	盖囊侧耳
5. 菌柄偏生,菌褶菌髓不规则形	侧耳台湾亚种
6. 单系菌丝系统	7
7. 伞形科植物根部弱寄生,具有寄主专化性	8
8. 阿魏植物根部弱寄生,菌褶菌髓规则形,不具有囊状体	阿魏侧耳
8. 刺芹植物根部弱寄生,菌褶菌髓不规则形,具有囊状体	刺芹侧耳
7. 木生真菌	9
9. 担孢子卵圆形,近球形	10
10. 菌柄无或基部短缩似柄状物	贝形侧耳
10. 菌柄偏生,白色,常弯曲	木生侧耳
9. 担孢子椭圆形,近圆柱形	11
11. 孢子印浅紫色,紫色	紫孢侧耳
11. 孢子印白色,奶油色	12
12. 菌盖表皮层菌丝特化成细胞紧密排列形式	林地侧耳
12. 菌盖表皮层菌丝未分化	13
13. 菌褶菌髓规则形或近规则形	14

第一章 平菇类珍稀菌栽培基础知识

（续）

形态特征	分类
26. 菌柄有或无，菌褶极稀 ……	小白扇侧耳
26. 具有菌柄，菌褶稍密 ……	宽柄侧耳
25. 骨架细胞具有空腔或结状凸起 ……	27
27. 具有缘生囊状体 ……	短柄侧耳
27. 不具有缘生囊状体 ……	沟纹侧耳
23. 不具有侧生囊状体 ……	28
28. 具有骨架菌丝，且分枝 ……	扇形侧耳
28. 具有起源于生殖菌丝顶端的骨架细胞，少有分枝 ……	29
29. 4个担孢子小梗 ……	黄线侧耳
29. 2个担孢子小梗 ……	野生侧耳
20. 孢子印浅粉色、浅紫色或黄褐色 ……	30
30. 孢子印黄褐色，盖面被黄色绒毛，菌褶菌髓规则形 ……	黄毛侧耳
30. 孢子印浅紫色、烟灰色或浅紫色 ……	31
31. 生殖菌丝膨胀 ……	黄白侧耳
32. 生殖菌丝不膨胀 ……	金顶侧耳
31. 孢子印浅粉色 ……	33
33. 孢子印浅粉色、近白色，菌褶菌髓近规则形，子实体成熟后为浅褐色、浅黄色、白褐色 ……	红侧耳
33. 孢子印浅粉色、近白色，菌褶菌髓近规则形，子实体浅粉色，菌褶粉色 ……	红侧耳玫瑰红变种

第三节　平菇类珍稀菌生长发育的条件

一　平菇类珍稀菌生长的营养条件

1. 平菇类珍稀菌的营养类型

根据自然状态下食用菌营养物质的来源，可将食用菌分为腐生、共生和寄生三种不同的营养类型。根据腐生型食用菌适宜分解的植物尸体不同和生活环境的差异，可将其分为木腐型（木生型）、土生型和粪草生型三个生态类群。

平菇类珍稀菌属木腐型食用菌是从木本植物残体中吸取养料的食用菌种类。该类食用菌不侵染活的树木，多生长在枯木朽枝上，以木质素为优先利用的碳源，也能利用纤维素。常在枯木的形成层生长，使木材变腐充满白色菌丝。

2. 平菇类珍稀菌所需的营养成分

（1）碳源　碳源是构成食用菌细胞和代谢产物中碳来源的营养物质，也是食用菌生命活动所需要的能量来源，是食用菌重要的营养源之一。食用菌吸收的碳素大约有20%用于合成细胞物质，80%用于分解产生维持生命活动所必需的能量。碳素也是食用菌子实体中含量最多的元素，占子实体干重的50%~60%。因此，碳源是食用菌生长发育过程中需要量最大的营养物质。

平菇类珍稀菌主要利用单糖、双糖、半纤维素、纤维素、木质素、淀粉、果胶、有机酸和醇类等。单糖、有机酸和醇类等小分子碳化物可以被直接吸收利用，其中葡萄糖是利用最广泛的碳源；而纤维素、半纤维素、木质素、淀粉、果胶等大分子碳化合物，只有在酶的催化下水解为单糖后，才能被吸收利用。平菇类珍稀菌生产中的碳源主要来源于各种富含纤维素、半纤维素的植物性原料，如木屑、玉米芯、棉籽壳等。这些原料多为农产品的下脚料，具有来源广泛、价格低廉的优点。

木屑、玉米芯等大分子碳化合物分解较慢，为促使接种后的菌丝体很快恢复创伤，使食用菌在菌丝生长初期也能充分吸收碳素，在生产中，拌料时适当地加入一些葡萄糖、蔗糖等容易吸收的碳源，作为菌丝生长初期的辅助碳源，可促进菌丝的快速生长，并可诱导

第一章　平菇类珍稀菌栽培基础知识

9

纤维素酶、半纤维素酶及木质素酶等胞外酶的产生。但要注意加入辅助碳源的量不宜太多，一般糖的含量为 0.5%～5%，否则可能导致质壁分离，引起细胞失水。

（2）氮源 氮源是指构成细胞的物质或代谢产物中氮素来源的营养物质，是合成食用菌细胞蛋白质和核酸的主要原料，对生长发育有着重要作用，一般不提供能量，也是食用菌重要的营养源之一。

平菇类珍稀菌主要利用各种有机氮，如尿素、氨基酸、蛋白胨等。氨基酸、尿素等小分子有机氮可被菌丝直接吸收，而大分子有机氮则必须被菌丝分泌的胞外酶分解成小分子有机氮后才能够被吸收。生产上常用蛋白胨、氨基酸、酵母膏等作为母种培养基的氮源，而在原种和栽培种培养基中，多由含氮量高的物质提供氮素，用小分子无机氮或者有机氮作为补充氮源。

培养基中氮的含量对食用菌的生长发育影响较大。一般在菌丝生长阶段要求含氮量较高，培养基中氮含量以 0.016%～0.064% 为宜，若含氮量低于 0.016%，菌丝生长就会受阻。子实体发育阶段对氮含量的要求略低于菌丝生长阶段，一般为 0.016%～0.032%。含氮量过高会导致菌丝徒长，抑制子实体发生及生长。

食用菌生长发育过程中，碳源和氮源的比例要适宜。食用菌正常生长发育所需的碳源和氮源的比例称为碳氮比（C/N）。一般而言，食用菌菌丝生长阶段所需 C/N 较小，以（15～20）:1 为宜；子实体发育阶段要求 C/N 较大，以（30～40）:1 为宜。若 C/N 过大，菌丝生长缓慢，难以高产；若 C/N 过小，容易导致菌丝徒长而不易出菇。不同的食用菌对 C/N 的要求也不同，如刺芹侧耳为（30～34）:1，白灵侧耳为（25～40）:1。

（3）矿质元素 矿质元素是构成细胞和酶的成分，并在调节细胞与环境的渗透压中起作用，根据其在菌丝中的含量可分为大量元素和微量元素两类（表1-2）。

磷（P）、硫（S）、钾（K）、钙（Ca）、镁（Mg）为大量元素，其主要功能是参与细胞物质的构成及酶的构成、维持酶的作用、控制原生质胶态和调节细胞渗透压等。在食用菌生产中，可向培养料中加入适量的磷酸二氢钾、磷酸氢二钾、石膏、硫酸镁来满足食用菌对大量元素的需求。

微量元素包括铁（Fe）、铜（Cu）、锌（Zn）、钴（Co）、锰（Mn）、钼（Mo）、硼（B）等，它们是酶活性基的组成成分或酶的激活剂。其需求量极少，培养基中的含量在1mg/kg左右即可。一般营养基质和天然水中的含量就可以满足，不需要另行添加，若过量加入则会有抑制或毒害作用。木屑、作物秸秆等生产用料中的矿质元素含量一般可以满足食用菌生长发育要求，但在生产中常添加石膏1%~3%、过磷酸钙1%~5%、生石灰1%~2%、硫酸镁0.5%~1%、草木灰等给予补充。

表1-2　食用菌对矿质元素的需求

元　　素		用量/mol	作　　用
大量元素	K	10^{-3}	核酸构成，能量传递，中间代谢
	P	10^{-3}	酶的活化，ATP代谢
	Mg	10^{-3}	氨基酸、核苷酸及维生素的构建
	S	10^{-3}	氨基酸、维生素构建，疏基的构建
	Ca	$10^{-4}\sim10^{-3}$	酶的活化，细胞膜成分
微量元素	Fe	10^{-6}	细胞色素及正铁血红素的构成
	Cu	$10^{-7}\sim10^{-6}$	酶的活化，色素的生物合成
	Mn	10^{-7}	酶的活化，TCA循环，核酸合成
	Zn	10^{-8}	酶的活化，有机酸及其他中间代谢
	Mo	10^{-9}	酶的活化，硝酸代谢及其他

（4）维生素和生长因子

1）维生素。维生素是食用菌生长发育必不可少又用量甚微的一类特殊有机营养物质，主要起辅酶的作用，参与酶的组成和菌体代谢。食用菌一般不能合成硫胺素（维生素B_1），这种维生素是羧基酶的辅酶，对食用菌碳的代谢起重要作用，缺乏时食用菌发育受阻，外源加入量通常为0.01~0.1mg/kg。许多食用菌还需要微量的核黄素（维生素B_2）、生物素（维生素H）等，其中核黄素是脱氢酶的辅酶，生物素则在天冬氨酸的合成中起重要作用。

当基质中严重缺乏维生素时，食用菌就会停止生长发育。由于天然培养基或半合成培养基使用的马铃薯、酵母粉、麦芽汁、麸皮、米糠等天然物质中各种维生素含量非常丰富，因此一般不需要另行添加。但多数维生素在120℃以上的高温条件下易分解，因此对含维生素的培养基灭菌时，应防止灭菌温度过高和灭菌时间过长而使维生素分解。

2）生长因子。生长因子是促进食用菌子实体分化的微量营养物质，如核苷、核苷酸等，它们在代谢中主要发挥"第二信使"的作用。其中环腺苷酸（cAMP）具有生长激素的功能，在食用菌生长中极为重要。此外，萘乙酸（NAA）、吲哚乙酸（IAA）、吲哚丁酸（IBA）等生长素也能促进食用菌的生长发育，在生产上有一定的应用。

二 平菇类珍稀菌生长的环境条件

食用菌的生长与其所生存的环境有着密切的联系，其中最主要的是温度、水分、湿度、空气、光照和酸碱度等因子。适宜的环境条件是食用菌旺盛生长的保证，不同食用菌、同种食用菌的不同生长阶段对外界环境的需求都有所不同。

1. 温度

在最适温度范围内，食用菌的营养吸收、物质代谢强度和细胞物质合成的速度都较快，生长速度最快；而超出最适温度，不论是高温还是低温，生长速度都会减慢甚至停止生长或死亡。但同一食用菌其生长发育的不同阶段对温度的需求各不相同，一般而言，菌丝体生长的温度范围大于子实体分化的温度范围，子实体分化的温度范围大于子实体发育的温度范围，孢子产生的适温低于孢子萌发的适温。

（1）孢子萌发对温度的要求　多数食用菌担孢子萌发的适温为20～30℃，在适温范围内，随着温度的升高，孢子的萌发率也升高，而一旦超出适温范围，萌发率则下降。低温状态下，孢子一般呈休眠状态，而极端高温下，孢子则会死亡。

（2）菌丝体生长对温度的要求　多数食用菌菌丝生长的温度范围是5～33℃，菌丝体生长的最适温度一般为20～30℃。但需要注意的是，最适温度指的是菌丝体生长最快的温度，并不是菌丝健壮生长的温度。在实际生产中，为培育出健壮的菌丝体，常常将温度调至比菌丝最适生长温度略低 $2 \sim 3 ℃$。

（3）子实体分化与发育对温度的要求　一般而言，无论何种食用菌，其子实体分化和发育的适温范围都比较窄，最适温度比菌丝体生长所需的最适温度低。子实体发育的温度略高于子实体分化的温度。食用菌子实体分化形成后，便进入子实体发育阶段，在这一阶段，若温度过高，则子实体生长快，但组织疏松，干物质较少，盖小，柄细长，产量与品质均下降；如果温度过低，则生长过于缓慢，周期拉长，总产量也会降低。

【注意】　子实体生长于空气中，所以受空气温度的影响较大。因此子实体发育的温度主要是指气温，而菌丝生长的温度和子实体分化的温度则是指料温。所以在实际生产中，既要注重料温，也要注重气温。除此之外，还需根据温度选择不同类型食用菌的栽培季节，一般在较高温度的季节播种培养，可以促进菌丝的快速生长。当菌丝长满培养料后，适当降低温度，给菌丝以低温刺激，解除高温对子实体分化的抑制作用；在子实体生长发育阶段，温度又可比子实体分化时的温度略高一些。

2. 空气

空气是食用菌生长发育必不可少的重要生态因子，空气的主要成分是氮气、氧气、氩气、二氧化碳等，其中氧气和二氧化碳对食用菌的影响最为显著。正常情况下，空气中氧气含量为 21%，二氧化碳含量为 0.03%。一般而言，平菇类珍稀菌都是好氧性的，但在不同的种类间及不同的发育阶段对氧的需求量是不同的。由于食用菌在生长中不断吸进氧气、呼出二氧化碳，加之培养料在分解中也不断放出二氧化碳，食用菌生长环境极易造成二氧化碳积累和氧气不足，这往往对食用菌的生长发育有毒害作用。不同种类的食用菌和同种食用菌在不同生长阶段，对氧气的需求及二氧化碳的耐受能力皆不同。

（1）空气对菌丝体生长的影响　一般而言，食用菌菌丝体耐缺氧、耐高二氧化碳的能力比子实体强，在通气良好的培养料中均能

第一章　平菇类珍稀菌栽培基础知识

良好生长。但如果培养料过于紧实，水分含量过高，其生长速度会显著降低。在生产实践中，配料时准确控制培养料的含水量和培养料的松紧度，可以保持菌丝周围的氧气含量；播种后加强菇房的通风换气、及时排除废气、补充氧气是保证菌丝旺盛生长的关键所在。

（2）空气对子实体生长发育的影响　空气对食用菌子实体生长发育的影响，一方面表现为子实体分化阶段的"趋氧性"，即袋栽食用菌时，如糙皮侧耳（平菇）、白灵侧耳（白灵菇）、刺芹侧耳（杏鲍菇）等，在袋上开口，菌丝就很容易从接触空气的开口部位生长出子实体。另一方面表现为子实体生长发育阶段对二氧化碳的"敏感性"，即出菇阶段由于呼吸作用逐渐加强，需氧量和二氧化碳排放量不断增加，累积到一定浓度的二氧化碳会使菌盖发育受阻，菌柄徒长，造成畸形菇。若不及时通风换气，子实体就会逐渐发黄，萎缩死亡。由于较高浓度的二氧化碳易导致子实体畸形，致使菌柄徒长，在生产上为了获取菌柄细长、菌盖小的优质姬菇，在子实体生长阶段常控制通气量，使子实体在较高浓度的二氧化碳环境中发育。

> **【提示】**　通风换气是贯穿于食用菌整个生长发育过程中的重要环节。适当的通风换气不仅能抑制病虫害的发生，而且有利于调节空气湿度。通风效果以嗅不到异味、不闷气、感觉不到风的存在并不引起温湿度大幅度变动为宜。

3. 水分

（1）食用菌的含水量及其影响因素　食用菌菌丝中的含水量一般为70%~80%，子实体的含水量可达到80%~90%，有时甚至更高。食用菌的水分主要来自于培养基质和周围环境，影响食用菌含水量的外界因素主要包括培养料含水量、空气相对湿度、通风状况等，其中大部分来自于培养料。培养料的含水量是影响出菇的重要因子；空气相对湿度对食用菌的生长发育也有重要作用，直接影响培养料水分的蒸发和子实体表面的水分蒸发，适当的空气相对湿度，能够促进子实体表面的水分蒸发，从而促进菌丝体中的营养向子实体转移，又不会使子实体表面干燥，导致子实体干缩。

（2）食用菌对环境水分的要求　一般食用菌菌丝体生长阶段要

求培养料的含水量为 60%~65%，若含水量不适宜，也会对菌丝生长产生不良的影响，最终导致减产或栽培失败。若培养料的含水量为 45%~50%，菌丝生长快，但多稀疏无力、不浓密；若培养料含水量为 70% 左右，则菌丝生长缓慢，对杂菌的抑制力弱，培养料会变酸发出臭味，菌丝停止生长。大多数食用菌在菌丝生长阶段要求的空气相对湿度为 60%~70%，这样的空气环境不仅有利于菌丝的生长，而且不利于杂菌的滋生。

食用菌子实体生长阶段的培养料含水量与菌丝体生长阶段的基本一致，但该阶段对空气相对湿度的要求则高得多，一般为 85%~90%。空气相对湿度低会使培养料表面大量失水，阻碍子实体的分化，严重影响食用菌的品质和产量。但菇房的空气相对湿度也不宜超过 95%，若空气相对湿度过高，不仅容易引起杂菌污染，而且不利于菇体的蒸腾作用，导致菇体发育不良或停止生长。

4. 酸碱度

大多数菌类都适宜在偏酸的环境中生长。适合菌丝生长的 pH 一般在 3~8 之间，以 5~6 为宜。不同类型的食用菌最适 pH 存在差异，一般平菇类珍稀菌生长适宜的 pH 为 4~6，不同种类的食用菌对环境 pH 的要求也不同。

【注意】 菌丝生长的最适 pH 并不是配制培养基时所需配制的 pH。这主要是因为培养基在灭菌过程中，以及菌丝生长代谢过程中会积累酸性物质，如乙酸、柠檬酸、草酸等，这些有机酸的积累会导致培养基 pH 的下降。因此，在配制培养基时应将 pH 适当调高，生产中，常向培养料中加入一定量的新鲜石灰粉，将 pH 调至 8~9。后期管理中，也可用 1%~2% 的石灰水喷洒出菇畦床，以防 pH 下降。

5. 光照

平菇类珍稀菌在菌丝生长阶段不需要光线，但大部分食用菌在子实体分化和发育阶段都需要一定的散射光。

(1) 光照对菌丝体生长的影响 大多数食用菌的菌丝体在完全黑暗的条件下，生长发育良好。光线对食用菌菌丝生长起抑制作用，

15

光照越强，菌丝生长越缓慢。日光中的紫外线有杀菌作用，可以直接杀死菌丝。光照使水分蒸发快，空气相对湿度降低，对食用菌生长是不利的。

（2）光照对子实体生长发育的影响　大多数食用菌在子实体生长发育阶段需要一定的散射光。光照对子实体生长发育的影响主要体现在以下几个方面：

1）光照对子实体分化的诱导作用。在子实体分化时期，不同的食用菌对光照的要求是不同的，大部分食用菌子实体发育都需要一定的散射光，如平菇在无光条件下虽能形成子实体，但子实体只长菌柄，不长菌盖，菇体畸形，也不产生孢子。

光诱导效应与光强、光质有关，且不同的食用菌对光的要求也不同。弱光（200～5000lx）有利于白灵侧耳子实体的形成，强光则对其子实体的形成有一定的抑制作用；秀珍菇子实体的形成在130lx的光照强度下最快，每天光照8～10h，菌丝扭结快，菇蕾数量多。不同光质对子实体的形成也有着不同影响，近紫外光、紫青光到青色光对子实体的形成是有效的。其中蓝光最有效，在蓝光下子实体不但分化速度快，分化数量也与全光照相似；而黄、橙、红光是最无效的，几乎与黑暗相似。

2）光照对子实体发育的影响。光照对食用菌子实体发育的影响主要体现在子实体的形态建成和色泽两个方面。

① 形态建成。光能抑制某些食用菌菌柄的伸长，在完全黑暗或光线微弱的条件下，平菇的子实体变成菌柄瘦长、菌盖细小的畸形菇。食用菌的子实体还具有正向光性，栽培环境中改变光源的方向，也会使子实体畸形，故光源应设置在有利于菌柄直立生长的位置。

② 色泽。光线能促进子实体色素的形成和转化，因此光照能影响子实体的色泽。一般来说，光照能加深子实体的色泽，如平菇室外栽培颜色较深，室内栽培颜色较浅。

第二章
平菇类珍稀菌菌种制作

第一节　食用菌菌种概述

一　菌种的概念

《食用菌菌种管理办法》已于2006年3月16日经农业部第八次常务会议审议通过，自2006年6月1日起施行。《食用菌菌种管理办法》中第一章总则第三条：本办法所称菌种是指食用菌菌丝体及其生长基质组成的繁殖材料。食用菌菌种原意是指孢子（相当于植物的种子），但在实际生产中，常将经过人工培养的纯菌丝体连同培养基质一同叫作菌种。所以，食用菌菌种就定义为经人工培养用于繁殖的菌丝体或孢子。

二　菌种的分级

我国食用菌菌种按照生产过程可分为母种（一级种）、原种（二级种）和栽培种（三级种）3级。

1. 母种

母种是指经各种方法选育得到的，具有结实性的菌丝体纯培养物及其继代培养物，以玻璃试管为培养容器和使用单位，也称一级种、斜面菌种或试管菌种。根据不同的使用目的，可将母种分为保藏母种、扩繁母种和生产母种等。

【提示】 除单孢子分离外，一般获得的母种纯菌丝都具有结实性。由于获得的母种数量有限，常将菌丝再次转接到新的斜面培养基上，以获得更多的母种，称为再生母种。一支母种可转成 10 多支再生母种。

2. 原种

原种是指用母种在谷物、木屑、粪草等天然固体培养基上扩大繁殖而成的菌丝体纯培养物，也叫二级种。原种常以透明的玻璃瓶（650~750mL）或塑料菌种瓶（850mL）或聚丙烯塑料袋（15cm×28cm）为培养容器和使用单位，原种用来繁育栽培种或直接用于栽培。

3. 栽培种

栽培种是指用原种在天然固体培养基上扩大繁殖而成的、可直接作为栽培基质种源的菌种，也叫三级种。栽培种常以透明的玻璃瓶、塑料瓶或塑料袋为培养容器和使用单位。栽培种只能用于生产栽培，不可再次扩大繁殖成菌种。

【提示】 我国食用菌菌种繁育主要采用三级菌种繁育体系，即采用母种生产原种，原种生产栽培种，栽培种再用于生产的菌种繁育体系。

三 菌种的类型

1. 固体菌种

生长在固体培养基上的食用菌菌种称为固体菌种，固体菌种可分为母种、原种和栽培种。目前，我国食用菌生产上使用的各级商品菌种都是固体菌种，如以试管为容器的斜面母种、以菌种瓶（袋）为容器的原种和栽培种。固体菌种的母种大多采用 PDA 试管培养基，固体菌种的原种和栽培种大多采用木屑培养基，也有采用其他类型培养基的固体菌种。

平菇类珍稀菌的固体菌种主要有以下几种类型：PDA 试管菌种、谷粒菌种、棉籽壳菌种、复合料菌种、木块菌种、木屑菌种和颗粒菌种，各类型都有各自的优缺点。

（1）PDA 试管菌种 PDA 试管菌种是指将经孢子分离法或组织分离法得到的纯培养物，移接到试管斜面培养基上培养而得到的纯菌丝菌种。

（2）谷粒菌种 谷粒菌种是指用小麦、玉米、高粱或谷子等作物籽粒作为培养基原料生产的食用菌菌种，目前双孢蘑菇生产中使用的几乎全是谷粒菌种。谷粒菌种的优点是菌丝生长健壮、生命力强、发菌快，在基质中扩展迅速；缺点是存放时间不宜太长，否则易老化。

（3）棉籽壳菌种 棉籽壳营养丰富，颗粒分散，所制菌种抗污染性、抗高温性好，因而日益受到菇农欢迎。

（4）木屑菌种 木屑菌种是指利用阔叶树木屑作为培养基原料生产的食用菌菌种，具有生产工艺简单、成本低廉、原材料来源广泛和包装运输方便等优点。

（5）复合料菌种 复合料菌种是指利用两种或两种以上主要原料制作培养基来生产的食用菌菌种，一般常用木屑、棉籽壳、玉米芯等原料按照一定比例进行混合，复合料菌种的优点是营养丰富、全面，菌丝生长情况好，接种后适应性好。

2. 液体菌种

液体菌种是用液体培养基，在生物发酵罐中，通过深层培养（液体发酵）技术生产的液体形态的食用菌菌种。液体指的是培养基的物理状态，液体深层培养就是发酵工程技术。当前，已经有相当数量的食用菌生产企业（含工厂化生产企业）采用液体菌种生产食用菌栽培袋，并取得了良好的经济效益。

第二节 菌种制作的设施、设备

一 配料加工、分装设备

1. 原材料加工设备

（1）秸秆粉碎机 用于切断农作物秸秆（如玉米秸秆、玉米芯、棉柴），以便进一步粉碎利用或直接使用的机械。

（2）木屑机 可以将阔叶树或硬杂木的枝丫切成片，然后经过粉碎机粉碎，作为食用菌的生产原料（图2-1、图2-2）。

图2-1　切片机　　　　　　　图2-2　粉碎机

2. 配料分装设备

（1）拌料机　拌料机可以用来替代人工拌料，是指把主料和辅料加适量水进行搅拌，使之均匀混合的机械（图2-3）。

（2）装瓶装袋机　家庭生产采用小型装袋机或小型多功能装袋机；工厂化生产可以采用大型冲压式装袋机。

1）小型装袋机。小型装袋机主要是把拌好的培养料填装到一定规格的塑料袋内，一般每小时可以装250～300袋（图2-4）。其优点是装袋紧实，中间通气孔打到袋底；装袋质量好，速度快；缺点是只能装一种规格的塑料袋。

图2-3　拌料机　　　　　　　图2-4　小型装袋机

2）小型多功能装袋机。小型多功能装袋机主要是把拌好的培养料填装到各种规格的塑料袋内，一般每小时可装 200 袋（图 2-5）。其优点是各种食用菌栽培都可以使用，料筒和搅龙可以根据菌袋规格进行更换；缺点是装袋质量和速度受操作人员熟练程度的影响较大，一般栽培食用菌种类较多时可以选用。

扫码看实作　　　　扫码看实作　　　　扫码看实作

3）大型冲压式装袋机。大型冲压式装袋机与小型装袋机的原理基本相同（图 2-6），但是其需要与拌料机、传送装置一起使用，而且是连续作业，一般每小时可以装 1200 袋，多用于大型菌种厂或食用菌的工厂化生产。

图 2-5　小型多功能装袋机　　　图 2-6　大型冲压式装袋机

二　灭菌设备

1. 高压灭菌设备

高压灭菌锅炉产生的饱和蒸汽压大、温度高，能够在较短时间内杀灭杂菌，这是因为高温（121℃）、高压使杂菌因蛋白质变性失活。

高压灭菌设备按照样式大小分为手提式高压蒸汽灭菌器（图 2-7）、立式压力蒸汽灭菌器（图 2-8）、卧式高压蒸汽灭菌器（图 2-9）、高压灭菌柜（图 2-10）等。

扫码看实作

21

图 2-7 手提式高压蒸汽灭菌器　　图 2-8 立式压力蒸汽灭菌器

图 2-9 卧式高压蒸汽灭菌器　　图 2-10 高压灭菌柜

【注意】 菌种生产一般采用高压灭菌。

　　2. 常压灭菌设备

　　常压灭菌是通过锅炉产生强穿透力的热活蒸汽并持续释放，使内部培养基保持持续高温（100℃）来达到灭菌的目的。常压灭菌灶的建造根据各地习惯而异，一般包括蒸汽发生装置（图 2-11）和灭菌池（图 2-12）两部分。

　　3. 周转筐

　　食用菌生产过程中，为搬运方便和减少料袋扎袋或变形，目前大多采用周转筐进行装盛（图2-13）。周转筐一般用钢筋或高压聚丙烯制成，光滑，防止扎袋。其规格根据生产需要确定。

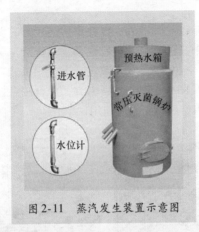

图2-11　蒸汽发生装置示意图

图2-12　灭菌池

图2-13　周转筐

三　接种设备

接种设备有接种帐、接种箱、超净工作台、接种机、简易蒸汽接种设备、离子风机及接种工具等。

1. 简易接种帐

简易接种帐是采用塑料薄膜制作而成的，可以设在大棚内或房间内，规格分为大小2种，小型的规格为2m×3m，较大的规格为（3~4）m×4m，接种帐高度为2~2.2m，过高不利于消毒和灭菌。

接种帐随空间条件而设置，可随时打开和收起，一般采用高锰酸钾和甲醛熏蒸消毒（图2-14）。

2. 接种箱

接种箱用木板和玻璃制成，接种箱的前后装有两扇能开启的玻璃窗，下方开两个圆洞，洞口装有袖套，箱内顶部装日光灯和30W紫外线灯各一盏，有的还装有臭氧发生装置（图2-15）。接种箱的容积一般以能放下80~150个菌袋为宜，适合于一家一户小规模生产使用，也适合小型菌种厂制种使用。

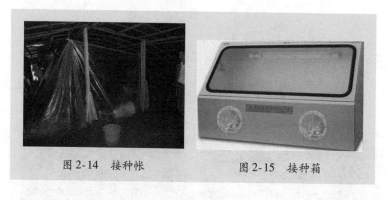

图2-14　接种帐　　　　　　　图2-15　接种箱

3. 超净工作台

超净工作台的原理是在特定的空间内，室内空气经预过滤器初滤，由小型离心风机压入静压箱，再经空气高效过滤器二级过滤，从空气高效过滤器出风面吹出的洁净气流具有一定的和均匀的断面风速，可以排除工作区原来的空气，将尘埃颗粒和生物颗粒带走，以形成无菌的、高洁净的工作环境（图2-16）。从气流流向可将其分为垂直流超净工作台和水平流超净工作台；从操作人数上可将其分为单人工作台（单面、双面）和双人工作台（单面、双面）。

4. 接种机

接种机也分许多种，简单的离子风式的接种机（图2-17），可以摆放在桌面上，可以将前方25cm左右的面积都达到无菌状态，方便接种等操作。还有适合工厂化接种的百级净化接种机，其接种空间

扫码看实作

达到百级净化，实现接种无污染，保证接种率。

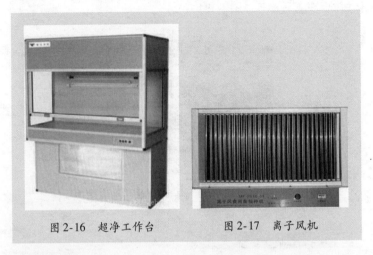

图 2-16　超净工作台　　　　图 2-17　离子风机

5. 简易接种室

接种室又称无菌室，是分离和移接菌种的小房间，实际上是扩大的接种箱。

【注意】　①接种室应分里外两间，里面为接种间，面积一般为 $5\sim6m^2$，外间为缓冲间，面积一般为 $2\sim3m^2$。两间门不宜对开，出入口要求装上推拉门。高度均为 $2\sim2.5m$。接种室不宜过大，否则不易保持无菌状态。②房间里的地板、墙壁、天花板要平整、光滑，以便擦洗消毒。③门窗要紧密，关闭后与外界空气隔绝。④房间最好设有工作台，以便放置酒精灯、常用接种工具等。⑤工作台上方和缓冲间天花板上安装能任意升降的紫外线杀菌灯和日光灯。

6. 接种车间

接种车间是扩大的接种室，室内一般放置多个接种箱或超净工作台，一般在食用菌工厂化生产企业中较为常见（图 2-18）。

7. 接种工具

接种工具是主要用于菌种分离和菌种移接的专用工具，包括接种铲、接种针、接种环、接种钩、接种勺、接种刀、接种棒、镊子及液体菌种用的接种枪等（图2-19）。

图2-18　接种车间

四　培养设备

培养设备是进行食用菌生产必不可少的设备，主要是指食用菌接种后用于培养菌丝体的设备，主要包括恒温培养箱、培养架和培养室等，液体菌种还需要摇床和发酵罐等设备。

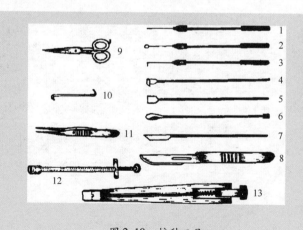

图2-19　接种工具

1—接种针　2—接种环　3—接种钩　4—接种锄　5—接种铲
6—接种匙　7、8—接种刀　9—剪刀　10—钢钩
11—镊子　12—弹簧接种枪杆　13—接种枪

1. 恒温培养箱

恒温培养箱是指主要用来培养试管斜面母种和原种的专用电器设备，因为它可以根据不同食用菌菌丝生长的调节温度进行恒温培养，所以又叫"电热恒温培养箱"。

2. 培养室及培养架

一般栽培和制种规模比较大时，采用培养室和培养架（图2-20）培养菌种。培养室面积一般为 20 ~ 50m²。培养室内采用温度控制仪或空调等控制温度，同时安装换气扇，以保持培养室内的空气清新。培养室内一般设置培养架，架宽45cm左右，上下层之间距离55cm左右，培养架一般设 4 ~ 6 层，架与架之间的距离为 60cm。

图 2-20　培养架

五　培养料的分装容器

1. 母种培养基的分装容器

母种培养基的分装主要用玻璃试管、漏斗、玻璃分液漏筒、烧杯、玻璃棒等。试管规格以外径（mm）×长度（mm）表示，在食用菌生产中一般使用 18mm×180mm、20mm×200mm 的试管。

2. 原种及栽培种的分装容器

原种及栽培种生产主要用塑料瓶、玻璃瓶、塑料袋等容器。原种一般采用容积为 850mL 以下，耐126℃高温的无色或近无色的、瓶口直径≤4cm的玻璃瓶或近透明的耐高温塑料瓶（图2-21），或规格为 15cm × 28cm、耐 126℃ 高温的聚丙烯塑料袋；栽培种除可使用同原种一样的容器外，还可使用

图 2-21　塑料菌种瓶

≤17cm×35cm、耐126℃高温的聚丙烯塑料袋。

六 封口材料

食用菌生产的封口材料一般有套环（图 2-22）、无棉盖体（图 2-23）、棉花、扎口绳等。

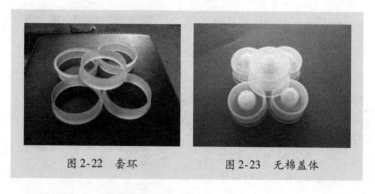

图 2-22　套环　　　　　　　图 2-23　无棉盖体

七 生产环境调控设备

食用菌生产环境调控设备有制冷压缩机、制冷机组、冷风机、空调机、加湿器等设备。

八 菌种保藏设备

菌种保藏设备有低温冰箱、超低温冰箱和液氮冰箱，生产上一般采用低温冰箱保藏，其他两种设备一般用于科研院所菌种的长期保藏。

九 液体菌种生产设备

1. 液体菌种培养器

液体菌种培养器是用于制备食用菌液体菌种的发酵设施装备，它利用生物发酵原理，给菌丝体生长提供一个最佳的营养、酸碱度、温度、供氧量，使菌丝快速生长，迅速扩繁，在短时间达到一定的菌球数量，完成一个发酵周期。

液体菌种培养器主要由罐体、空气过滤器、电

扫码看实作

子控制柜等几部分组成（图2-24、图2-25）。罐体部分包括各种阀门、压力表、安全阀、加热棒、视镜等；空气过滤器包括空气压缩机、滤壳、滤芯、压力表等；电子控制柜主要是指电路控制系统，该系统采用微型计算机主要控制灭菌时间、灭菌温度、培养状态及培养时间。

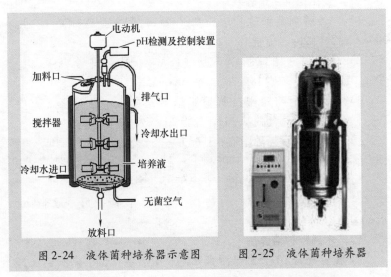

图 2-24 液体菌种培养器示意图

图 2-25 液体菌种培养器

2. 摇床

在食用菌生产中，也可使用摇床生产少量液体菌种（图2-26）。

液体菌种是采用生物培养（发酵）设备，通过液体深层培养（液体发酵）的方式生产食用菌菌球，作为食用菌栽培的种子。液体菌种是用液体培养基在发酵罐中通过深层培养技术生产的液体食用菌菌种，具有试管、谷粒、木屑、棉壳、枝条等固体菌种不可比拟的物理性状和优势。

图 2-26 摇床

第三节　固体菌种

一　母种生产

1. 常用的斜面母种培养基配方

（1）食用菌常用培养基

1）马铃薯葡萄糖琼脂培养基（PDA）配方：马铃薯（去皮）200g，葡萄糖20g，琼脂18～20g，水1000mL。

2）马铃薯蔗糖琼脂培养基（PSA）配方：马铃薯（去皮）200g，蔗糖20g，琼脂18～20g，水1000mL。

3）马铃薯葡萄糖蛋白胨琼脂培养基配方：马铃薯（去皮）200g，蛋白胨10g，葡萄糖20g，琼脂20g，水1000mL。

4）马铃薯麦芽糖琼脂培养基配方：马铃薯（去皮）300g，麦芽糖10g，琼脂18～20g，水1000mL。

5）马铃薯综合培养基配方：马铃薯（去皮）200g，磷酸二氢钾3g，维生素B_1 2～4片，葡萄糖20g，硫酸镁1.5g，琼脂20g，水1000mL。

（2）木腐菌种培养基

1）麦芽浸膏10g，酵母浸膏0.5g，硫酸镁0.5g，硝酸钙0.5g，蛋白胨1.5g，麦芽糖5g，磷酸二氢钾0.25g，琼脂20g，水1000mL。

2）麦芽浸膏10g，硫酸铁0.1g，硫酸镁0.1g，琼脂20g，磷酸铵1g，硝酸铵1g，硫酸锰0.05g，水1000mL。

3）酵母浸膏15g，磷酸二氢钾1g，硫酸钠2g，蔗糖10～40g，麦芽浸膏10g，氯化钾0.5g，硫酸镁0.05g，硫酸铁0.01g，琼脂15～25g，水1000mL。

4）酵母浸膏2g，蛋白胨10g，硫酸镁0.5g，葡萄糖20g，磷酸二氢钾1g，琼脂20g，水1000mL。

（3）保藏菌种培养基

1）玉米粉酵母膏葡萄糖琼脂培养基配方：玉米粉50g，葡萄糖10g，酵母膏10g，琼脂15g，水1000mL。

2）玉米粉琼脂培养基配方：玉米粉30g，琼脂20g，水1000mL。

3）蛋白胨酵母膏葡萄糖培养基配方：蛋白胨10g，葡萄糖1g，酵母膏 5g，琼脂 20g，水 1000mL。

4）完全培养基配方：硫酸镁 0.5g，磷酸氢二钾 1g，葡萄糖 20g，磷酸二氢钾 0.5g，蛋白胨 2g，琼脂 15g，水 1000mL。

2. 母种培养基的配制

（1）材料准备 选取无芽、无变色的马铃薯，洗净去皮，称取 200g，切成 1cm 左右的小块。同时准确称取好其他材料。酵母粉用少量温水溶化。

（2）热浸提 将切好的马铃薯小块放入 1000mL 水中，煮沸后用文火保持 30min。

（3）过滤 煮沸 30min 后用 4 层纱布过滤。

（4）琼脂溶化 若使用琼脂粉则事先将其溶于少量温水中，然后倒入培养基浸出液中溶化。若使用琼脂条则可先将其剪成 2cm 长的小段，用清水漂洗 2 次后除去杂质。煮琼脂时要多搅拌，直至完全溶化。

（5）定容 琼脂完全溶化后，将各种材料全部加入液体中，不足时加水定容至 1000mL，搅拌均匀。

（6）调节 pH 定容后，用 pH 试纸测定培养基的 pH。当 pH 偏高时，可用柠檬酸或醋酸下调；当 pH 偏低时，可用氢氧化钠、碳酸钠或石灰水调高。我国大部分地区水质自然，pH 为 6.2 ~ 6.8，不需要再调节。

（7）分装 选用洁净、完整、无损的玻璃试管，调节好 pH 后进行分装。分装装置可用带铁环和漏斗的分装架或灌肠桶。分装时，试管垂直桌面，注意不要使培养基残留在近试管口的壁上，以免日后污染，一般培养基装量为试管长度的 1/5 ~ 1/4。

扫码看实作

扫码看实作

分装完毕后，塞上棉塞，棉塞选用干净的梳棉制作，不能使用脱脂棉。棉塞长度为 3 ~ 3.5cm，塞入管内 1.5 ~ 2cm，外露部分

1.5cm左右，松紧适度，以手提外露棉塞试管不脱落为度。然后将7支试管捆成一捆，用双层牛皮纸将试管口一端包好扎紧。

(8) 灭菌 灭菌是试管培养基制备的重要环节，灭菌彻底与否，关系培养基制作成功与否。灭菌前，先检查锅内水分是否足量，如果水分不足，要先加足水分，然后将分装包扎好的试管直立放入灭菌锅套桶中，盖上锅盖，对角拧紧螺丝，关闭放气阀，开始加热。严格按照灭菌锅使用说明进行操作，在0.11~0.12MPa压力下保持30min。

(9) 摆斜面 待压力自然降压至0时，打开锅盖，一般情况下，高温季节打开锅盖后自然降温30~40min，低温季节自然降温20min后再摆放斜面。如果立即摆放斜面，由于温差过大，试管内易产生过多的冷凝水。所以，为防止试管内形成过多冷凝水，不宜立即摆放斜面。斜面长度以斜面顶端距离棉塞40~50mm为标准。斜面摆放好后，在培养基凝固前，不宜再行摆动。为防止斜面凝固过快，在斜面上方试管壁形成冷凝水，一般在摆好的试管上覆盖一层棉被，低温季节尤其重要。

(10) 无菌检查 灭菌后的斜面培养基应进行无菌检查。母种培养基随机抽取3%~5%的试管，置于28℃恒温培养箱中48h后检查，无任何微生物长出的为灭菌合格，即可使用。没有用完的试管斜面用纸包好，保存在清洁干燥处，以后随时可用。

3. 母种接种

(1) 接种前准备

1) 接种前，工作人员穿好工作服，戴好口罩、工作帽，必须彻底清理打扫接种室（箱），经喷雾以及熏蒸消毒，使其成为无菌状态。

2) 清洗干净接种工具，一般为金属的针、刀、耙、铲、钩。

3) 用肥皂水洗手，擦干后再用70%~75%酒精棉球擦拭双手、菌种试管及一切接种用具。

4) 可事先在试管上贴上标签，注明菌名、接种日期等。

5) 将接种所需物品移入超净工作台（接种箱），按工作顺序放好，检查是否齐全，并用5%苯酚溶液重点在工作台上方附近的地面上喷雾消毒，打开紫外线灯照射灭菌 30min。

（2）接种

1）关闭紫外线灯（如果需开日光灯，需间隔 20min 以上），用 75% 酒精棉球擦拭双手和母种外壁，并点燃酒精灯，因为火焰周围 10cm 的区域为无菌区，在无菌区接种可以避免杂菌污染。

2）将菌种和斜面培养基的两支试管用大拇指和其他四指握在左手中，使中指位于两试管之间的部分，斜面向上并使它处于水平位置，先将棉塞用右手拧转松动，以利于接种时拔出。

3）右手拿接种钩，在火焰上方将工具灼烧灭菌，凡在接种时要进入试管的部分，都用火焰灼烧灭菌，操作时要使试管口靠近酒精灯火焰。

4）用右手小拇指、无名指、中指同时拔掉两支试管的棉塞，并用手指夹紧，用火焰灼烧管口，灼烧时应不断转动试管口，以杀灭试管口可能沾染上的杂菌。

5）将烧过并经冷却后的接种钩伸入菌种管内，去除上部老化、干瘪的菌丝块，然后取 0.5cm×0.5cm 大小的菌块，迅速将接种钩抽出试管，注意不要使接种钩碰到管壁。

6）在火焰旁迅速将接种钩伸进待接种试管，将挑取的菌块放在斜面培养基的中央。注意不要把培养基划破，也不要使菌种沾在管壁上。

7）抽出接种钩，灼烧管口和棉塞，并在火焰旁将棉塞塞上。每接 3~5 支试管，要将接种钩在火焰上再次灼烧灭菌，以防大面积污染。

扫码看实作　　　扫码看实作

4. 培养

（1）恒温培养　接种完毕，将接好的试管菌种放入 22~24℃ 恒温培养箱中培养。

（2）**污染检查**　在菌种培养过程中，接种后 2 天内要检查一次杂菌污染情况，在试管斜面培养基上如果发现有绿色、黄色、黑色等，不是白色、生长整齐的一致斑点、块状杂菌，应立即剔除。以后每 2 天检查 1 次。挑选出菌丝生长致密、洁白、健壮，无任何杂菌感染的试管菌种，放于 2~4℃ 的冰箱中保存。

二　原种、栽培种生产

1. 常见培养基及制作

（1）**以棉籽壳为主料培养基**

1）棉籽壳培养基配方：

① 棉籽壳 99%，石膏 1%，含水量 60%±2%。

② 棉籽壳 84%~89%，麦麸 10%~15%，石膏 1%，含水量60%±2%。

③ 棉籽壳 54%~69%，玉米芯 20%~30%，麦麸 10%~15%，石膏 1%，含水量 60%±2%。

④ 棉籽壳 54%~69%，阔叶木屑 20%~30%，麦麸 10%~15%，石膏 1%，含水量 60%±2%。

2）棉籽壳培养基制作：先按配方的比例计算出需要的原料的量，称取原料。将糖溶于适量水中加入，再加入适量的水。适宜含水量的简便检验方法是用手抓一把加水拌匀后的培养料紧握，当指缝间有水但不滴下时，料内的含水量为适度。

（2）**以木屑为主料培养基**

1）木屑培养基配方：

① 阔叶树木屑 78%，麸皮或米糠 20%，蔗糖 1%，石膏 1%，含水量 58%±2%。

② 阔叶树木屑 63%，棉籽壳 15%，麸皮 20%，糖 1%，石膏 1%，含水量 58%±2%。

③ 阔叶树木屑 63%，玉米芯粉 15%，麸皮 20%，糖 1%，石膏 1%，含水量 58%±2%。

2）木屑培养基制作：同棉籽壳培养基。

（3）**谷粒培养基制作**

1）谷粒培养基配方：小麦 93%，杂木屑 5%，石灰或石膏粉 2%。

2）谷粒培养基制作：小麦过筛，除去杂物，再放入石灰水中浸泡，使其吸足水分，捞出后放入锅中用水煮至麦粒无白心为止（吸足水分）。趁热摊开，晾至麦粒表面无水膜（用手抓麦粒不黏手），加入石膏拌匀，然后装瓶、灭菌。

（4）木块木条培养基制作

1）木块木条培养基配方：

① 木条培养基：木条 85%，木屑培养基 15%。常用塑料袋制栽培种，故通常称为木签菌种。

② 楔形和圆柱形木块培养基：木块 84%，阔叶树木屑 13%，麸皮或米糠 2.8%，白糖 0.1%，石膏粉 0.1%。

③ 枝条培养基：枝条 80%，麸皮或米糠 19.9%，石膏粉 0.1%。

2）木块木条培养基制作：

① 木条培养基制作：先将木条在 0.1% 多菌灵溶液中浸泡 0.5h，捞起稍沥水后即放入木屑培养基中翻拌，使其均匀地粘上一些木屑培养基即可装瓶。装瓶时尖头要朝下，最后在上面铺约 1.5cm 厚的木屑培养基即可。

② 楔形和圆柱形木块培养基制作：先将木块浸泡 12h，将木屑按常规木屑培养料的制作法调配好，然后将木块倒入木屑培养基中拌匀、装瓶，最后再在木块面上盖一薄层木屑培养基按平即可。

③ 枝条培养基制作：选 1～2 年生、粗为 8～12mm 的板栗、麻栎和梧桐等适生树种的枝条，先劈成两半，再剪成约 35mm 长、一头尖一头平的小段，投入 40～50℃ 的营养液中浸泡 1h，捞出沥去多余水分，与麸皮或米糠混匀，再用滤出的营养液调节含水量后加入石膏粉拌匀，此时即可装瓶、灭菌。其中营养液配方为蔗糖 1%、磷酸二氢钾 0.1%、硫酸镁 0.1%，混匀后溶于水即可。

2. 培养基灭菌

（1）高压灭菌 木屑培养基和草料培养基在 0.12MPa 条件下灭菌 1.5h 或在 0.14～0.15MPa 下灭菌 1h；谷粒培养基、粪草培养基和种木培养基在 0.14～0.15MPa 条件下灭菌 2.5h。当装容量较大时，灭菌时间要适当延长。灭菌完毕后，应自然降压，不应强制降压。

（2）常压灭菌 常压灭菌是采用常压灭菌锅进行蒸汽灭菌的方法。锅内的水保持沸腾状态时的蒸汽温度一般可达 100～108℃，灭菌时间以袋内温度达到 100℃ 以上开始计时。常压灭菌要在 3h 之内使灭菌室温度达到 100℃，并保持 100℃ 10～12h，然后停火闷锅 8～10h 后出锅。母种培养基、原种培养基、谷粒培养基、粪草培养基和种木培养基，应高压灭菌，不应常压灭菌。常压灭菌的操作要点如下：

1）迅速装料，及时进灶。菌种批量生产时每日投料量很大，如果安排不当，不能及时装料和进灶灭菌，料中存在的酵母菌、细菌、真菌等竞争性杂菌遇适宜条件迅速增殖，尤其是高温季节，如果装料时间过长，酵母菌、细菌等将基质分解，容易引起培养料的酸败，灭菌不彻底。因此，应集中人力，迅速完成拌料、装袋、装瓶工作，尽快将已装好的培养料进行灭菌。

2）菌种袋应分层放置。菌种袋堆叠过高，不仅难以透气，而且受热后的塑料袋相互挤压会粘连在一起，形成蒸汽无法穿透的"死角"。为了使锅内蒸汽充分流畅，菌种袋常采用顺码式堆放，每放 4 层，放置一层架隔开或直接放入周转筐中灭菌。

3）加足水量，旺火升温，高温足时。在常压灭菌过程中，如果锅内很长时间达不到 100℃，培养基的温度处于耐高温微生物的适温范围内，这些微生物就会在此时间内迅速增殖，严重的造成培养料酸败。因此，在常压灭菌中，用旺火攻头，使灭菌灶内温度在 3h 内达到 100℃，是取得彻底灭菌效果的因素之一。

蒸汽的热量首先被灶顶及四壁吸收，然后逐渐向中、下部传导，被料袋吸收。在一般火势下，要经过 4～6h 才能透入料袋中心，使袋中温度接近 100℃。所以整个灭菌过程中要始终保持旺火加热，最好在 4～6h 内要达到 100℃。其间注意补水，防止烧干锅，但不可加冷水，一次补水不宜过多，应少量多次，一般每小时加水 1 次，不可停火。

4）灭菌时间达到后，停止加热，利用余热再封闭 8～10h。待料温降至 50～60℃ 时，趁热移入

扫码看实作

冷却室内冷却。

【注意】 采用棉塞封口的要趁热在灭菌锅内烘干棉塞，待棉塞干后趁热出锅，不可强行开锅冷却，以免因迅速冷却使冷空气进入菌种袋内而污染杂菌。趁热出锅，放置在冷却室或接种室内，冷却至28℃左右接种。

3. 接种

（1）接种场所

1）接种车间：一般是在食用菌工厂化生产的接种室配备菇房空间电场空气净化与消毒机，配合超净工作台进行接种。

2）接种室：应设在灭菌室和菌种培养室之间，以便培养基灭菌后可迅速移入接种室，接种后即可移入培养室，避免在长距离搬运过程中造成人力和时间的浪费，并招致污染。一般接种室的面积以 $6m^2$ 为宜，长 3m、宽 2m、高 2~3m。室内墙壁及地面要平整、光滑，接种室门通常采用左右移动的推拉门，以减少空气振动。接种室的窗户要采用双层玻璃窗，内设黑色布帘，使得门窗关闭后能与外界空气隔绝，便于消毒。有条件的可安装空气过滤器。

3）塑料接种帐：用木条或铁丝做成框并用铁丝固定，再将薄膜焊成蚊帐状，然后罩在框架上，地面用木条压住薄膜，即可代替接种室使用。接种帐的容量大小，可根据生产需要固定。一般每次接种 500~2000 瓶（袋）。

4）接种箱：一般每次可接种 80~120 袋（瓶）。

（2）消毒灭菌 接种前 2 天把菌种瓶（袋）、灭菌后的培养基及接种工具放入接种室，然后进行消毒。密闭接种室，按每立方米空间用 10mL 甲醛溶液与 7g 高锰酸钾混合进行熏蒸消毒，24h 后打开门窗，完全散尽甲醛气体后方可进入接种。

接种前，先用 3% 的煤酚皂液或 5% 苯酚水溶液喷雾消毒或使用气雾消毒剂熏蒸消毒 30min，使空气中微生物沉降，然后打开紫外线灯照射 30min 后接种。

【提示】 操作者进入接种室时，要穿工作服、鞋套、戴上帽子和口罩，操作前双手要用75%酒精棉球擦洗消毒，动作要轻缓，尽量减少空气流动。

（3）接种

1）原种接种：

① 接种前准备。先准备好清洁无菌的接种室及待接种的母种菌种、原种培养基和接种工具等，接种人员要穿上工作服，在试管母种接入原种瓶时，瓶装培养基温度要降到28℃左右方可接种。

② 点燃酒精灯。各种接种工具先经火焰灼烧灭菌。

③ 在酒精灯上方10cm无菌区轻轻拔下棉塞，立即将试管口倾斜，用酒精灯火焰封锁，防止杂菌侵入管内，用消毒过的接种钩伸入菌种试管，在试管壁上稍停留片刻使之冷却，以免烫死菌种，按无菌操作要求将试管斜面菌种横向切割6~8块。

④ 在酒精灯上方无菌区内，将待接菌瓶封口打开，用接种钩取出分割好的菌块，轻轻放入原种瓶内，立即封好口，一般每支母种可接5~6瓶原种。

2）栽培种接种：

① 接种前检查原种棉塞和瓶口的菌膜上是否染有杂菌，如果有污染杂菌的应弃之不用。

② 打开原种封口，灼烧瓶口和接种工具，剥去原种表面的菌皮和老化菌种。

③ 如果双人接种，一人负责拿菌种瓶，用接种钩接种，另一人负责打开栽培种的瓶口或袋口。

④ 接种的菌种不可扒得太碎，最好呈蚕豆粒或核桃粒状，以利于发菌。

⑤ 接种后迅速封好瓶口。一瓶谷粒种接种不应超过50瓶（袋），木屑种、草料种不应超过35瓶（袋）。

⑥ 接种结束后应及时将台面、地面收拾干净，并用5%苯酚水溶液喷雾消毒，关闭室门。

4. 培养

（1）培养室消毒 接种后的菌瓶（袋）在进入培养室前，培养室要进行消毒灭菌，每立方米用 10mL 甲醛熏蒸。熏蒸时将甲醛溶液倒进容器中，用火煮沸，任其挥发，这叫作直接熏蒸法，此法熏蒸时间长；或在盛有甲醛溶液的容器中加入重量为其 1/2 的高锰酸钾，使其迅速蒸发，这叫氧化熏蒸法，时间为 30～40min。为减少甲醛气体的刺激作用，熏蒸后 12h 放入氨水溶液（每立方米空间用 25%～30% 氨水溶液 50mL），氨水与空气中的甲醛蒸气结合，可以消除甲醛蒸气，以保障接种人员的身体健康。

（2）菌种培养 原种和栽培种在培养初期，要将温度控制在 25～28℃ 之间。在培养中后期，将温度调低 2～3℃，因为菌丝生长旺盛时，新陈代谢放出热量，瓶（袋）内温度要比室温高出 2～3℃，如果温度过高会导致菌丝生长纤弱、老化。在菌种培养 25～30 天后，要采取降温措施，减缓菌丝的生长速度，从而使菌丝整齐、健壮。一般经 30～40 天菌丝可吃透培养料，然后把温度稍微降低一些，缓冲培养 7～10 天，使菌种进一步成熟。

（3）污染检查 接种后 7～10 天内每隔 2～3 天要逐瓶检查一次，如果在培养料深部出现杂菌菌落，说明灭菌不彻底；而在培养料表面出现杂菌，说明在接种过程中某一环节没有达到无菌操作要求。若发现杂菌污染的应立即挑出，拿出培养室，妥善处理，以防引起大面积污染。

第四节　液体菌种

液体菌种是采用生物培养（发酵）设备，通过液体深层培养（液体发酵）的方式生产食用菌菌球，作为食用菌栽培的种子。其液体菌种是用液体培养基在发酵罐中通过深层培养技术生产的液体食用菌菌种，具有试管种、谷粒、木屑、棉壳、麦麸、枝条等固体菌种不可比拟的物理性状和优势。

近年来，采用深层培养工艺制备食用菌液体菌种用于生产成为研发热点，涌现出了许多液体发酵设备、生产厂家，液体菌种已在平菇、杏鲍菇、真姬菇、双孢蘑菇、毛木耳、香菇、黑木耳、金针菇、灰树花等食用菌生产中采用。液体菌种对于降低生产成本、缩短生产周期、提高菌种质量具有显著效果。目前，日本、韩国在食用菌工厂化生产中已普遍采用液体菌种（图2-27）。

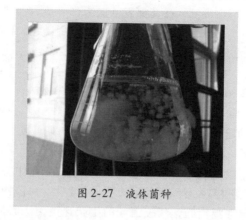

图2-27　液体菌种

一　液体菌种的特点

1. 优点

（1）制种速度快，可缩短栽培周期　在液体培养罐内的菌丝体细胞始终处于最适温度、氧气、碳氮比、酸碱度等条件下，菌丝分裂迅速，菌体细胞是以几何数字的倍数加速增殖，在短时间内就能获得大量菌球（即菌丝体），一般5～6天完成一个培养周期。使用液体菌种接种到培养基上，菌种均匀分布在培养基中，发菌速度大大加快，并且出菇集中，减少潮次，周期缩短，栽培的用工、能耗、场地等成本都大大降低。

（2）菌龄一致、活力强　液体菌种在培养罐营养充足、环境没有波动，生长代谢的废气能及时排除，始终能使菌体处于旺盛生长状态，因此菌丝活力强，菌球菌龄一致。

（3）减少接种后杂菌污染　由于液体具有流动性，接入后易分散，萌发点多，萌发快，在适宜条件下，接种后3天左右菌丝就会布满接种面，使栽培污染得到有效控制。

（4）液体菌种成本低　一般每罐菌种成本10元左右，接种4000～5000袋，每袋菌种成本不超过0.3分钱。

2. 缺点

（1）储存时间短　一般条件下，液体菌种制成后即应投入栽培生产，不宜存放，即使在 2～4℃ 条件下，储存时间也不要超过一周。

（2）适用对象窄　液体菌种适应于连续生产，尤其规模化、工厂化生产；我国的食用菌生产多为散户栽培，投资水平、技术水平等条件的先天不足，决定了固体菌种在我国适应广，液体菌种适应范围窄。

（3）设施、技术要求高　液体菌种需要专门的液体菌种培养器，并且对操作技术要求极高，一旦污染，则整批全部污染，必须放罐、排空后进行清洗、空罐灭菌，然后方可进行下一批生产。

（4）应用范围窄　由于其液体中速效营养成分较高，生料或发酵料中病原较多，故播后极易污染杂菌，所以，液体菌种只适于熟料栽培。

二　液体菌种的生产

1. 液体菌种生产环境

（1）生产场所　液体菌种的生产场所应距工矿业的"三废"及微生物、烟尘和粉尘等污染源 500m 以上。交通方便，水源和电源充足，有硬质路面、排水良好的道路。

（2）液体菌种生产车间　地面应能防水、防腐蚀、防渗漏、防滑、易清洗，应有 1.0%～1.5% 的排水坡度和良好的排水系统，排水沟必须是圆弧式的明沟。墙壁和天花板应能防潮、防霉、防水、易清洗。

（3）液体菌种接种间　应设置缓冲间，设置与职工人数相适应的更衣室。缓冲间入口处设置洗手、消毒和干手设施。接种间设封闭式废物桶，安装排气管道或者排风设备，门窗应设置防蚊蝇纱网。

2. 生产设施设备

（1）生产设施　配料间、发菌间、冷却间、接种间、培养室、检测室规模要配套，布局合理，要有调温设施。

（2）生产设备　液体菌种培养器（图 2-28、图 2-29）、液体菌种接种器、高压蒸汽灭菌锅、蒸汽锅炉、超净工作台、接种箱、恒温摇床、恒温培养箱、冰箱、显微镜、磁力搅拌机、磅秤、天平、酸度计等。

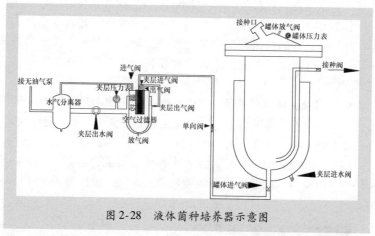

图 2-28　液体菌种培养器示意图

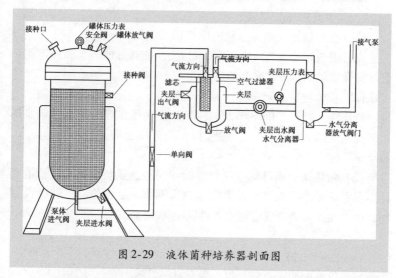

图 2-29　液体菌种培养器剖面图

　　其中液体菌种培养器、高压蒸汽灭菌锅和蒸汽锅炉应使用经政府有关部门检验合格，符合国家压力容器标准的产品。

　　3. 液体培养基制作

　　（1）罐体夹层加水　首先对液体菌种培养器夹层加水，方法是用硅胶软管连接水管和罐体下部的加水口，同时打开夹层放水阀进行加水，水量加至放水阀开始出水即可。

（2）液体培养基配方　液体菌种培养基配方（120L）：玉米粉0.75kg，豆粉0.5kg，均过80目筛。首先用温水把玉米粉、豆粉搅拌均匀，不能有结块，通过吸管或漏斗加入罐体，液体量占罐体容量的80%为宜。然后加入20mL消泡剂，最后拧紧接种口螺丝。

（3）液体培养基灭菌　调整控温箱温度至125℃，打开罐体加热棒开始对罐体进行加热，在100℃之前一直开启罐体夹层出水阀，以放掉夹层里的虚压和多余的水。

1）液体培养基气动搅拌。温度在70℃以下时，打开空气压缩机通过其储气罐和空气过滤器对罐体培养基进行气动搅拌，防止液体结块。

开气泵搅拌的步骤为：打开空气过滤器上方的进气阀、出气阀和下方的放气阀，开气泵电源后，关闭空气过滤器下方的出气阀，打开罐体最下方的进气阀和最上方的放气阀。

2）关闭气泵。当罐体内培养基达70℃时，关闭气泵。方法是：先关罐体进气阀、开空气过滤器放气阀、关气泵电源。把主管接到之前一直关闭的空气过滤器出气阀，此时空气过滤器放气阀、进气阀、出气阀全关闭。空气过滤器内可加入少量水，水位在滤芯以下，并关闭罐体放气阀。

3）灭菌。当夹层出水阀出热蒸汽3～5min后关闭。当夹层压力表达0.05MPa时，打开空气过滤器夹层出气阀，再打开罐体进气阀，然后小开罐体放气阀。当主管烫手后，关闭罐体放气阀。当罐体压力表达到0.15MPa开始计时，保持30～40min，保持压力期间可以温调压。

4）降温。调温至25℃，关闭加热棒、罐体进气阀、空气过滤器夹层出气阀。用燃烧的酒精棉球烧空气过滤器出气阀40～50s，在此期间可小开5～6s空气过滤器出气阀，放蒸汽。在酒精棉球火焰的保护下把主管接回空气过滤器出气阀（图2-30）。

图2-30　主管接空气过滤器出气阀

5）放夹层热水。打开空气过滤器出气阀和空气过滤器进气阀，小开罐体放气阀，通过夹层进水阀把夹层热水放掉，直至夹层压力表压力为0。

（4）冷却 打开夹层出水阀，夹层进水阀通过硅胶软管接入水管，进行冷却。当罐体压力表压力降至0.05MPa时，打开气泵以防止罐体在冷却过程中产生负压造成污染，并使下部冷水向上冷却较快。

开气泵顺序依次为：打开空气过滤器下部放气阀，开空气过滤器上方出气阀，开气泵、关空气过滤器放气阀、开罐体进气阀，通过罐体放气阀调节罐体压力在0以上直至罐体温度降至28℃以下，等待接种。

4. 接种

（1）固体专用种 液体菌种的固体专用种培养基配方一般为（120L）：过40目（孔径为0.42mm）筛的木屑500g、麸皮100g、石膏10g，料水比为1:1.2。原料混合均匀后装入500mL三角瓶内，高压灭菌后接入母种，洁净环境培养至菌丝长满培养基（图2-31）。母种制作、高压灭菌、接种、发菌应符合NY/T 528的规定。

（2）制备无菌水 1000mL的三角瓶加入500～600mL的自来水，用手提式高压灭菌锅在121℃、0.12MPa条件下保持30min即可制备无菌水。冷却后等待把固体专用种接入。

图2-31 固体专用种

（3）固体专用种并瓶

1）接种用具：酒精灯、75%酒精、尖嘴镊子、接种工具、棉球。

2）消毒：旋转固体专用种的三角瓶壁，用酒精灯火焰均匀地进行消毒后，连同接种工具、无菌水放入接种箱或超净工作台中进行消毒。

3）接种：消毒20min后进行接种。用75%酒精棉球擦手，用酒精灯火焰对接种工具进行灼烧灭菌。用灭菌后的接种工具在酒精灯火焰下方去掉三角瓶固体专用种的表层部分。把菌种中下部分搅碎后在酒精灯火焰保护下分 3～4 次加入无菌水中（图 2-32），然后用手腕摇动三角瓶使菌种和无菌水充分接触，静置 10min 后接入罐体。

（4）菌种接入罐体

1）制作火焰圈：用带有手柄的内径略大于接种口的铁丝圈缠绕纱布，蘸上 95% 酒精。

2）接种：打开罐体放气阀使压力降至 0，把火焰圈套在接种口上，点燃火焰圈后关闭放气阀。打开接种口，然后快、稳、轻地接入菌种，然后拧紧接种口的螺丝（图 2-33）。

扫码看实作

图 2-32　固体专用种并瓶

图 2-33　菌种接入罐体

5. 液体菌种培养

通过气泵充气和调整放气阀调节罐体压力表压力在 0.02～0.03MPa、温度控制在 24～26℃ 等条件下进行液体菌种培养。液体菌种在上述条件下培养 5～6 天可达到培养指标（图 2-34）。

图 2-34　培养中的液体菌种

6. 液体菌种检测

接种后第四天进行检测，首先用酒精火焰球灼烧取样阀 30～40s 后，弃掉最初流出的少量液体菌种，然后用酒精火焰封口直接放入经灭菌的三角瓶中，塞紧棉塞，取样后用酒精火焰把取样阀烧干，以免杂菌进入造成污染。

将样品带入接种箱分别接入到试管斜面或培养皿的培养基上，放入28℃恒温培养2~5天，采用显微镜和感官观察菌丝生长状况和有无杂菌污染。若无细菌、真菌等杂菌菌落生长，则表明该样品无杂菌污染。

【提示】 由于有的单位条件有限，可采取感官检验——"看、旋、嗅"的步骤进行检测。

"看"：将样品静置桌面上观察，一看菌液颜色和透明度，正常发酵清澈透明，染菌的料液则浑浊不透明；二看菌丝形态和大小，正常的菌丝体大小一致，菌丝粗壮，线条分明，而染菌后，菌丝纤细，轮廓不清；三看pH指示剂是否变色，在培养液中加入甲基红或复合指示剂，经3~5天颜色改变，说明培养液pH到4.0左右，为发酵终点，如24h内即变色，说明因杂菌快速生长而使培养液酸度剧变；四看有无酵母线，如果在培养液与空气交界处有灰条状附着物，说明为酵母菌污染所致，此称为酵母线。

"旋"：手提样品瓶轻轻旋转一下，观其菌丝体的特点。菌丝的悬浮力好，放置5min后不沉淀，说明菌丝活力好。若迅速漂浮或沉淀，说明菌丝已老化或死亡。再观其菌丝形态、大小不一，毛刺明显，表明供氧不足。如果菌球缩小且光滑，或菌丝纤细并有自溶现象，说明污染了杂菌。

"嗅"：在旋转样品后，打开瓶盖嗅气体，培养好的优质液体菌种均有芳香气味，而染杂菌的培养液则散发出酸、甜、霉、臭等各种气味。

【注意】 污染杂菌的主要原因有菌种不纯、培养料灭菌不彻底、并瓶与接种操作不规范等。

7. 优质液体菌种指标

（1）感官指标 感官指标见表2-1。

表 2-1　液体菌种感官指标

项　　目	感 官 指 标
菌液色泽	球状菌丝体呈白色，菌液呈棕色
菌液形态	菌液稍黏稠，有大量片状或球状菌丝体悬浮、分布均匀、不上浮、不下沉、不迅速分层，菌球间液体不浑浊
菌液气味	具液体培养时特有的香气，无异味，如酸、臭味等，培养器排气口气味正常，无明显改变

（2）理化指标　理化指标见表2-2。

表 2-2　液体菌种理化指标

项　　目	理 化 指 标
pH	5.5~6.0
菌丝湿重/（g/L）	≥80
显微镜下菌丝形态和杂菌鉴别	可见液体培养的特有菌丝形态，球状和丛状菌丝体大量分布，菌丝粗壮，菌丝内原生质分布均匀、染色剂着色深。无其他真菌菌丝、酵母和细菌菌体
留存样品无菌检查	有食用菌菌丝生长，划痕处无其他真菌、酵母菌、细菌菌落生长

三 放罐接种

1. 液体菌种接种器消毒

液体接种器需经高压灭菌后使用。

2. 接种

将待接种的栽培袋（瓶）通过输送带输入至无菌接种区。在接种区用接种器将液体菌种注入，每个接种点15~30mL。

扫码看实作

扫码看实作

四 贮藏

在培养器内通入无菌空气，保持罐压0.02~0.04MPa，液温6~

10℃可保存3天，11～15℃可保存2天。

液体菌种接入固体培养基时，具有流动性、易分散、萌发快、发菌点多等特点，较好地解决了接种过程中萌发慢、易污染的问题，菌种可进行工厂化生产。液体菌种不分级别，可以用来做母种生产原种，还可以作为栽培种直接用于栽培生产。

液体菌种应用于食用菌的生产，对于食用菌行业从传统生产上的烦琐复杂、周期长、成本高、凭经验、拼劳力、手工作坊式向自动化、标准化、规模化生产，以及整个食用菌产业升级具有重大意义。

第五节　菌种生产中的注意事项及常见问题

一　母种制作、使用中的异常情况及原因分析

1. 母种培养基凝固不良

母种制作过程中培养基灭菌后凝固不良，甚至不凝固。可以按照以下步骤分析原因：

1）先检查培养基组分中琼脂的用量和质量。

2）如果琼脂没有问题，再用pH试纸检测培养基的酸碱度，看培养基是否过酸，一般pH低于4.8时凝固不良；当需要较酸的培养基时，可以适当增加琼脂的用量。

3）灭菌时间过长，一般在0.15MPa条件下超过1h后易凝固不良。

4）如果以上都正常，还要考虑称量工具是否准确，有些从小市场买的称量工具不是很准确。建议称量工具到到正规厂家或专业商店购买。

2. 母种不萌发

母种接种后，接种物一直不萌发，其原因有以下几种：

1）菌种在0℃甚至以下保藏，菌丝已冻死或失去活力。检测菌种活力的具体方法：如果原来的母种试管内还留有菌丝，再转接几支试管，培养观察，最好使用和上次不同时间制作的培养基。如果还是不长，表明母种已经丧失活力。如果第二次接种物成活了，表明第一次培养基有问题。

2）菌龄过老，生命力衰弱。

3）接种操作时，母种块被接种铲、酒精灯火焰烫死。

4）母种块没有贴紧原种培养基，菌丝萌发后缺乏营养死亡。

5）接种块太薄太小干燥而死。

6）母种培养基过干，菌丝无法活化，菌丝无法吃料生长。

3. 发菌不良

母种发菌不良的表现多种多样，常见的有生长缓慢、生长过快但菌丝稀疏、生长不均匀、菌丝不饱满、色泽灰暗等。

母种发菌不良的主要原因有：培养基是否干缩，菌丝是否老化，品种是否退化等；培养温度是否适宜；棉塞是否过紧；空气中是否有有毒气体。培养基不适、菌种过老、品种退化、培养温度过高或过低、棉塞过紧透气不良、接种箱中或培养环境中残留甲醛过多都会造成菌种生长缓慢，菌丝稀疏纤弱等发菌不良现象的发生。

4. 杂菌污染

在正常情况下，母种杂菌污染的概率在2%以下。但有时会造成大量杂菌污染的情况，其原因如下：

1）培养基灭菌不彻底。灭菌不彻底的原因除灭菌的各个环节不规范外，还包括高压灭菌锅不合格的原因。

2）接种时感染杂菌。其原因有接种箱或超净工作台灭菌不彻底（含气雾消毒剂不合格、紫外线灯老化）；接种时操作不规范等原因。

3）菌种自身带有杂菌。启用保藏的一级种，应认真检查是否有污染现象。如果斜面上呈现明显的黑色、绿色、黄色等菌落，则说明已遭真菌污染；将斜面放在向光处，从培养基背面观察，如果在气生菌丝下面有黄褐色圆点或不规则斑块，说明已遭细菌污染，被污染的菌种绝不能用于扩大生产。

5. 母种制作及使用过程中应注意的事项

1）培养基的使用。制成的母种培养基，在使用前应做无菌检查，一般将其置在24℃左右恒温箱内培养48h，证明无菌后方可使用。制备好的培养基，应及时用完，不宜久存，以免降低其营养价值或其成分发生变化。

2）出菇鉴定。投入生产的母种，不论是自己分离的菌种或是由外地引入的菌种，均应做出菇鉴定，全面考核其生产性状、遗传性状和经济性状后，方能用于生产。若母种选择不慎，将会对生产造成不可估量的损失。

3）母种保藏。已经选定的优良母种，在保藏过程中要避免过多转管。转管时所造成的机械损伤，以及培养条件变化所造成的不良影响，均会削弱菌丝生命力，甚至导致遗传性状的变化，使出菇率降低，甚至造成菌丝的"不孕性"而丧失形成子实体的能力。因此引进或育成的菌种在第一次转管时，可较多数量扩转，并以不同方法保藏，用时从中取一管大量繁殖作为生产母种用。一般认为保藏的母种经3~4次代传，就必须用分离方法进行复壮。

4）建立菌种档案。母种制备过程中，一定要严格遵守无菌操作规程，并标好标签，注明菌种名称（或编号）、接种日期和转管次数，尤其在同一时间接种不同的菌种时，要严防混杂。母种保藏应指定专人负责，并建立"菌种档案"，详细记载菌种名称、菌株代号、菌种来源、转管时间和次数，以及在生产上的使用情况。

5）防止误用菌种。从冰箱取出保藏的母种，要认真检查贴在试管上的标签或标记，切勿使用没有标记或判断不准的菌种，以防误用菌种而造成更大的损失。

6）母种选择。保藏的母种菌龄不一致，要选菌龄较小的母种接种；切勿使用培养基已经干缩或开始干缩的母种，否则会影响菌种成活或导致生产性状的退化。

7）菌种扩大。保藏时间较长的菌种，菌龄较老的菌种或对其存活有怀疑时，可以先接若干管，在新斜面上长满后，用经过活化的斜面再进行扩大培养。

8）防止污染。保藏母种在接种前，应认真地检查是否有污染现象。若斜面上有明显绿、黄、黑色菌落，说明已遭受真菌污染；管口内的棉塞，由于吸潮生霉，只要有轻微振动，分生孢子很容易溅落到已经长好的斜面上，在低温保藏条件下受到抑制，很难发现；将斜面放在向光处，从培养基背面观察，在气生菌丝下面有黄褐色圆形或不定形斑块，是混有细菌的表现。已经污染的母种不能用于扩大培养。

9）活化培养。在冰箱中长期保藏的菌种，自冰箱取出后，应放在恒温箱中活化培养，并逐步提高培养温度，活化培养时间一般为2~3天。如果在冰箱中保存时间超过3个月，最好转管培养一次再用，以提高接种成功率和萌发速度。

保藏的菌种，不论任何情况下都不可全部用完，以免菌种失传，对生产造成损失。

10）菌种保存。认真安排好菌种生产计划，菌丝在斜面上长满后立即用于原种生产，能加快菌种定植速度。如果不能及时使用，应在斜面长满后，及时用玻璃纸或硫酸纸包好，置于低温避光处保存。

二 原种、栽培种在制作、使用中的异常情况及原因分析

1. 接种物萌发不正常

原种、栽培种接种物萌发不正常的主要表现为两种情况：一是不萌发或萌发缓慢；二是萌发出的菌丝纤细无力，扩展缓慢。其发生原因的分析思路为：培养温度→培养基含水量→培养基原料质量→灭菌过程及效果→母种。对于接种物不萌发，或萌发缓慢，或扩展缓慢来说，这几个方面的因素必有其一，甚至可能是由多因子共同影响的。

（1）培养温度过高 培养温度过高会造成接种物不萌发、萌发迟缓、生长迟缓。

（2）含水量过低 尽管拌料时加水量充足，但由于拌料不均匀，造成培养基含水量的差异，含水量过低的菌种瓶（袋）接种物常干枯而死。

（3）培养基原料霉变 正处霉变期的原料中含有大量有害物质，这些物质耐热性极强，在高温下不易分解变性，甚至在高压高温灭菌后仍保留其毒性，接种后，菌种不萌发。具体确定方法是将培养基和接种块取出，分别置于PDA培养基斜面上，于适宜温度下培养，若不见任何杂菌长出，而接种块则萌发、生长，即可确定为这一因素。

（4）灭菌不彻底 培养基内留有大量细菌，而不是真菌。培养基中残留和继续繁殖增加的细菌，多数情况下无肉眼可见的菌落，有时在含水量过大的瓶（袋）壁上，在培养基的颗粒间可见到灰白色的菌膜。多数食用菌在有细菌存在的基质中不能萌发和正常生长。具体检查方法如下：在无菌条件下取出菌种和培养料，接种于PDA斜面上，于适温条件下培养，经24~28h后检查，在接种物和培养

第二章 平菇类珍稀菌菌种制作

料周围都有细菌菌落长出。

(5) 母种菌龄过长 菌种生产者应使用菌龄适当的母种，多种食用菌母种使用最佳菌龄都在长满斜面后 1 ~ 5 天，栽培种生产使用原种的最佳菌龄在长满瓶（袋）14 天之内。在计划周密的情况下，母种和原种的生产、原种和栽培种的生产紧密衔接是完全可行的。若母种长满斜面后 1 周内不能使用，要及早置于 4 ~ 6℃下保存。

2. 发菌不良

原种、栽培种的发菌不良和母种一样也表现为多种多样，常见的有生长缓慢，生长过快但菌丝纤细稀疏，生长不均匀，菌丝不饱满，色泽灰暗等。造成发菌不良的原因主要有以下几点：

(1) 培养基酸碱度不适 用于制作原种、栽培种的培养料 pH 过高或过低，可将发菌不良的菌种瓶（袋）的培养基挖出，用 pH 试纸测试。

(2) 原料中混有有害物质 多数食用菌原种、栽培种培养基原料的主料是阔叶木屑、棉籽壳、玉米粉、豆秸粉等，但若混有如松、杉、柏、樟、桉等树种的木屑或原料有过霉变情况，都会影响菌种的发菌。

(3) 灭菌不彻底 培养基中有肉眼看不见的细菌，会严重影响食用菌菌种菌丝的生长。有的食用菌虽然培养料中残存有细菌，但仍能生长，如平菇菌种外观异常，表现为菌丝纤细稀疏、干瘪不饱满、色泽灰暗，长满基质后菌丝逐渐变得浓密。如果不慎将后期菌丝变浓密的菌种用来扩大栽培种将导致大批量的污染发生。

(4) 水分含量不当 培养料水分含量过多或过少都会导致发菌不良，特别是含水量过多时，培养料氧气含量显著减少，将严重影响菌种的生长。在这种情况下，往往长至瓶（袋）中下部后，菌丝生长变缓，甚至不再生长。

(5) 培养室环境不适 培养室温度、空气相对湿度过高，培养密度大的情况下，环境的空气流通交换不够，影响菌种氧气的供给，导致菌种缺氧，生长受阻。这种情况下，菌种外观色泽灰暗、干瘪无力。

3. 杂菌污染

在正常情况下，原种、栽培种或栽培袋的污染率在 5% 以下，各个环节和操作规范者，常只有 1% ~ 2%。如果超出这一范围，则应该认真查找原因并采取相应措施予以控制。

(1) 灭菌不彻底 灭菌不彻底导致污染发生的特点是污染率高、发生早，污染出现的部位不规则，培养物的上、中、下各部均出现杂菌。这种污染常在培养 3 ~ 5 天后即可出现。影响灭菌效果的因素主要有以下几个：

1）培养基的原料性质。不同材料的导热性不同，微生物基数不同，灭菌所需时间也不同。因此，灭菌时要根据培养基的不同掌握灭菌时间。常用的培养基灭菌时间关系是木屑 < 草料 < 木塞 < 粪草 < 谷粒。从培养基原料的营养成分上说，糖、脂肪和蛋白质含量越高，传热性越差，对微生物有一定的保护作用，灭菌时间需相对要长。因此添加麦麸、米糠较多的培养基所需灭菌时间长；从培养基的自然微生物基数上看，微生物基数越高，灭菌需时越长，因此培养基加水配备均匀后，要及时灭菌，以免其中的微生物大量繁殖影响灭菌效果。

2）培养基的含水量和均匀度。水的热传导性能较木屑、粪草、谷粒等的固体培养基要强得多，如果培养基配制时预湿均匀，吸透水，含水量适宜，灭菌过程中达到灭菌温度需时短，灭菌就容易彻底。相反，若培养基中夹杂有未浸入水分的"干料"，俗称"夹生"，蒸汽就不易穿透干燥处，达不到彻底灭菌的效果。培养基配制过程中，要使水浸透料，木塞、谷粒、粪草应充分预湿，浸透或捣碎，以免"夹生"。

3）容器。玻璃瓶较塑料袋热传导慢，在使用相同培养基、相同灭菌方法时，瓶装培养基灭菌时间要较塑料袋装培养基稍长。

4）灭菌方法。相比较而言，高压灭菌可用于各种培养基的灭菌，关键是把冷空气排净；常压灭菌砌灶锅小、水少、蒸汽不足、火力不足、一次灭菌过多，是常压灭菌不彻底的主要原因，并且对于灭菌难度较大的粪草种和谷粒种达不到完全灭菌效果。

5）灭菌容量和堆放方式。以蒸汽锅炉送入蒸汽的高压灭菌锅，要注意锅炉汽化量与锅体容积相匹配，自带蒸汽发生器高压灭菌锅，以每次容量 200 ~ 500 瓶（750mL）为宜。常压灭菌灶以每次容量不超过 1000 瓶（750mL）为宜，这样，可使培养基升温快而均匀，培养基中自然微生物繁殖时间短，灭菌效果更好。灭菌时间应随容量

第二章 平菇类珍稀菌菌种制作

53

的增大而延长。

锅内灭菌物品的堆放形式对灭菌效果影响显著,如果以塑料袋为容器时,受热后变软,若装料不紧,叠压堆放,极易把升温前留有的间隙充满,不利于蒸汽的流通和升温,影响灭菌效果。塑料袋摆放时,应以叠放 3~4 层为度,不可无限叠压,锅大时要使用搁板或铁筐。

(2)封盖不严 主要出现在用罐头瓶做容器的菌种中,用塑料袋做容器的折角处也有发生。聚丙烯塑料经高温灭菌后比较脆,搬运过程中遇到摩擦,紧贴瓶口处或有折角处极易磨破,形成肉眼不易看到的沙眼,造成局部污染。

(3)接种物带杂 如果接种物本身就已被污染,扩大到新的培养基上必然出现成批量的污染,如一支污染过的母种造成扩接的 4~6 瓶原种全部污染,一瓶污染过的原种造成扩大的 30~50 瓶栽培种的污染。这种污染的特点是杂菌从菌种块上长出,污染的杂菌种类比较一致,且出现早,接种 3~5 天内就可用肉眼鉴别。

这类污染只有通过种源的质量保证才能控制,这就要求作为种源使用的母种和原种在生长过程就要跟踪检查,及时剔除污染个体,在其下一级菌种生产的接种前再行检查,严把质量关。

(4)设备设施过于简陋引起灭菌后无菌状态的改变 本来经灭菌的种瓶、种袋已经达到了无菌状态,但由于灭菌后的冷却和接种环境达不到高度洁净无菌,特别是简易菌种场和自制菌种的菇农,达不到流水线作业、专场专用,生产设备和生产环节分散,又往往忽略场地的环境卫生,忽视冷却场地的洁净度,使本已无菌的种瓶、种袋在冷却过程中被污染。

在冷却过程中,随着温度的降低,瓶内、袋内气压降低,冷却室如果灰尘过多,杂菌孢子基数过大,杂菌孢子就很自然地落到了种瓶或种袋的表面,而且随其内外气压的动态平衡向瓶内、袋内移动,当棉塞受潮后就更容易先在棉塞上定植,接种操作时触碰沉落进入瓶内或袋内。瓶袋外附有较多的灰尘和杂菌孢子时,成为接种操作污染的污染源。因此,要提倡专业生产、规模生产和规范生产。

(5)接种操作污染 接种操作造成的污染特点是分散出现在接种口处,比接种物带菌和灭菌不彻底造成的污染发生稍晚,一般接种后 7 天左右出现。接种操作的污染源主要是接种室空气和种瓶、种袋冷却中附在表面的杂菌，有的接种操作人员自身洁净度不良，也是很重要的污染源，如违反接种操作规程、没有使用专用的工作服、工作服表面附着尘土和杂菌孢子，或不戴口罩和工作帽，手臂消毒不良等都是接种操作的污染原因。要避免或减少接种操作的污染需格外注意以下几个技术环节：

1）不使棉塞打湿。灭菌摆放时，切勿使棉塞贴触锅壁。当棉塞向上摆放时，要用牛皮纸包扎。灭菌结束时，要自然冷却，不可强制冷却。当冷却至一定程度后再小开锅门，让锅内的余热把棉塞上的水汽蒸发。不可一次打开锅门，这样棉塞极易潮湿。

2）洁净冷却。规范化的菌种场，冷却室是高度无菌的，空气中不能有可见的尘土，灭菌后的种瓶、种袋不能直接放在有尘土的地面上冷却。最好在冷却场所地面上铺一层灭过菌的麻袋、布垫，或用高锰酸钾、石灰水浸泡过的塑料薄膜。冷却室使用前可用紫外线灯和喷雾相结合进行空气消毒。

3）接种室和接种箱使用前必须严格消毒。接种室墙壁要光滑、地面要洁净、封闭要严密，接种前一天将被接种物、菌种、工具等经处理后放入，先用来苏儿喷雾、再进行气雾消毒；接种箱要达到密闭条件，处理干净后，将被接种物、菌种、工具等经处理后放入，接种前 30~50min 用气雾消毒、臭氧发生器消毒等方法进行消毒。

4）操作人员须在缓冲间穿戴专用衣帽。接种人员的专用衣帽要定期洗涤，不可置于接种室之外，要保持高度清洁。接种人员进入接种室前要认真洗手，操作前用消毒剂对双手进行消毒。

5）接种过程要严格无菌操作。尽量少走动，少搬动，不说话，尽量小动作、快动作，以减少空气振动和流动，减少污染。

6）在火焰上方接种。实际上无菌室内绝对无菌的区域只有酒精灯火焰周围很小的范围内。因此，接种操作，包括开盖、取种、接种、盖盖，都应在这个绝对无菌的小区域完成，不可偏离。接种人员要密切配合。

7）拔出棉塞使缓劲。拔棉塞时，不可用力直线上拔，而应旋转式缓劲拔出，以避免造成瓶内负压，使外界空气突然进入而带入杂菌。

8）湿塞换干塞。灭菌前，可将一些备用棉塞用塑料袋包好，放入灭菌锅同菌袋（瓶）一同灭菌，当接种发现菌种瓶棉塞被蒸汽打湿时，换上这些新棉塞。

9）接种前做好一切准备工作。接种一旦开始，就要批量批次完成，中途不能间断，一气呵成。

10）少量多次。每次接种室消毒处理后接种量不宜过大，接种室以一次 200 瓶以内，接种箱以一次 100 瓶以内效果为佳。

11）未经灭菌的物品切勿进入无菌的瓶内或袋内。接种操作时，接种钩、镊子等工具一旦触碰了非无菌物品，如试管外壁、种瓶外壁、操作台面等，不可再直接用来取种、接种，须重新进行火焰灼烧灭菌。掉在地上的棉塞、瓶盖切忌使用。

（6）培养环境不洁及高湿 培养环境不洁及高湿引起污染的特点是，接种后污染率很低，随着培养时间的延长，污染率逐渐增高。这种污染较大量发生在接种 10 天以后，甚至培养基表面都已长满菌丝后贴瓶壁处陆续出现污染菌落。这种污染多发生在湿度高、灰尘多、洁净度不高的培养室。

4. 原种、栽培种制作的注意事项

（1）培养基含水量 食用菌菌丝体的生长发育与培养基含水量有关，只有含水量适宜，菌丝生长才能旺盛健壮。通常要求培养基含水量在 60% ~ 65% 之间，即手紧握培养料，以手指缝中有水外渗往下滴 1 ~ 2 滴为宜，没有水渗为过干，有水滴连续淌下为过湿，过干或过湿均对菌丝生长不利。

（2）培养基的 pH 一般食用菌正常生长发育需要一定范围的pH，木腐菌要求偏酸性，即 pH 为 4 ~ 6；粪草菌要求中性或偏碱性，即 pH 为 7.0 ~ 7.2。由于灭菌常使培养基的 pH 下降 0.2 ~ 0.4，因此，灭菌前的 pH 应比指定的略高些。培养料的酸碱度不合要求，可用 1% 过磷酸钙澄清液或 1% 石灰水上清液进行调节。

（3）装瓶（袋）的要求 培养料装得过松，虽然菌丝蔓延快，但多细长无力、稀疏、长势衰弱；装得过紧，培养基通气不良，菌丝发育困难。一般说，原种的培养料要紧一些、浅一些，略占瓶深

3/4 即可；栽培种的培养料要松一些、深一些，可装至瓶颈以下。装瓶后，用捣木（或接种棒）插一个圆洞，直达瓶底或培养料的 4/5 处。打孔具有增加瓶内氧气、利于菌丝沿着洞穴向下蔓延和便于固定菌种块等作用。

（4）装好的培养基应及时灭菌　培养基装完瓶（袋）后应立即灭菌，特别是在高温季节。严禁培养基放置过夜，以免由于微生物的作用而导致培养基酸败，危害菌丝生长。

（5）严格检查所使用菌种的纯度和生命力　检查菌种内或棉塞上有无杂菌侵入所形成的拮抗线、湿斑，有明显杂菌侵染或有怀疑的菌种、培养基开始干缩或在瓶壁上有大量黄褐色分泌物的菌种、培养基内菌丝生长稀疏的菌种、没有标签的可疑菌种，均不能用于菌种生产。

（6）菌种长满菌瓶后，应及时使用　一般来说，二级种满瓶后 7~8 天，最适于扩转三级种，三级种满瓶（袋）7~15 天时最适于接种。如果不及时使用，应将其放在凉爽、干燥、清洁的室内避光保藏。在 10℃ 以下低温保藏时，二级种不能超过 3 个月，三级种不能超过 2 个月。在室温下要缩短保藏时间。

5. 菌种杂菌污染的综合控制

1）从有信誉的科研、专业机构引进优良、可靠的母种，做到种源清楚、性状明确、种质优良，最好先做出菇试验，做到使用一代、试验一代、储存一代。

2）按照菌种生产各环节的要求，合理、科学地规划和设计厂区布局，配置专业设施、设备，提高专业化、标准化、规范化生产水平。

3）严格按照菌种生产的技术规程进行选料、配料、分装、灭菌、冷却、接种、培养和质量检测。

4）严格挑选用于扩大生产的菌种，任何疑点都不可姑息，确保接种物的纯度。

5）提高从业人员专业素质，规范操作；生产场地要定期清洁、消毒，保持大环境的清洁状态。

6）专业菌种场要建立技术管理规章制度，确保技术的准确到位，保证生产。

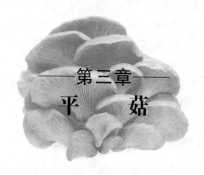

第三章
平　菇

平菇（糙皮侧耳）属伞菌目、口蘑科、侧耳属，是我国品种最多、温度适应范围最广、栽培面积最大的食用菌种类。

平菇营养丰富，肉质肥嫩，味道鲜美，其蛋白质在干菇中含量为30.5%，粗脂肪含量为3.7%，纤维素含量为5.2%，还含有一种酸性多糖。长期食用平菇对癌细胞有明显抑制作用，并具有降血压、降胆固醇的功能。平菇还含有预防脑血管障碍的微量牛磺酸，有促进消化作用的菌糖、甘露糖和多种酶类，对预防糖尿病、肥胖症、心血管疾病有明显效果。

第一节　生物学特性

一　形态特征

平菇由菌丝体（营养器官）和子实体（生殖器官）两部分组成。

1. 菌丝体

菌丝体呈白色，绒毛状，多分枝，有横隔，是平菇的营养器官，分单核菌丝（初生菌丝）和双核菌丝（次生菌丝）两类。单核菌丝较纤细，双核菌丝具锁状联合。在PDA培养基上，双核菌丝初为匍匐生长，后气生菌丝旺盛，爬壁力强。双核菌丝生长速度快，正常温度下7天左右可长满试管斜面，有时会产生黄色色素。

2. 子实体

子实体是平菇的繁殖器官，即可食用部分。其形态因品种不同而各有特色，但子实体结构均由菇柄、菇盖组成（图3-1）。平菇的菇柄为白色肉质、中实、圆形、长短不一，下部生长于基质上，常单生、丛生、叠生呈覆瓦状，其上部与菇盖相连，起输送营养、支撑菇盖生长发育的功能。菇盖形似扇，侧生或偏生于菇柄上，直径4～6cm，最大可达30cm。颜色有白色、灰色、棕色、红色和黑色，其颜色深浅则与发育程度、光照强弱及气温高低相关。

图3-1　平菇子实体

二 生态习性

平菇适应性很强，在我国分布极为广泛，多在深秋至早春甚至初夏簇生于阔叶树木的枯木或朽桩上，或簇生于活树的枯死部分。

三 平菇的生长发育期

平菇的生长发育分为两大阶段六个时期。各时期对外界环境条件的要求不一样，只有满足各时期的不同要求，才能促使平菇健康生长，达到优质高产的目的。

1. 菌丝体生长阶段

该阶段又叫营养阶段，此期菌丝体生长好坏，直接决定着栽培的成功与否。所以接种后的管理非常重要，此阶段又分为4个时期。

（1）萌发期　接种后，在适宜的温度下，经2～3天，接种块发白，长出白色绒毛时，即为萌发期。此期温度要保持在25～30℃，促进萌发。如果温度过低，则萌发慢，易被杂菌污染；若温度过高，达40℃以上时，菌种不萌发，而且易被烧死。

（2）定植扩展期　菌丝萌发后，以接种点为中心，向四周辐射状生长，一般需5～7天，向料深处生长慢，在基质表面生长快。

（3）延伸伸长期　当菌丝定植后，在适宜条件下，菌丝逐渐生长，直到培养料内部全部长满菌丝。此期菌丝的生长速度与温度成正相关，以 22～24℃ 发菌为宜。若温度低，菌丝体生长慢，但粗壮有力；若温度高，菌丝体生长加快。在超过适宜温度后，菌丝体生长快，但稀疏而细弱无力。

（4）菌丝体成熟期　当菌丝体延伸到全部培养料后，菌丝体继续生长，密度增大，颜色变白，当菌丝长满培养料空隙后（称回丝期），菌丝体生长阶段告以完成。以后菌丝开始扭结，呈现出针尖大的白点，菌丝进入生理转化的成熟期。此期应增加光照、通气及变温刺激。

2. 子实体形成阶段

平菇子实体发育过程中，有着明显的形态变化，此阶段可分为 6 个时期。

（1）原基期　主要特征是菌丝形成白色的菌丝团。当菌丝体完成其营养生长后，培养基表面的菌丝开始扭结形成白色、粒状菌丝团（图3-2）。此时菌丝达到成熟期，标志进入子实体生长阶段。

（2）桑葚期　主要特征是菌丝团出现很多凸起物，色泽鲜美，有些品种发亮，形如桑葚，故称桑葚期（图3-3）。

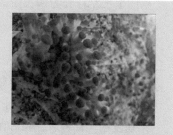

图 3-2　平菇原基期　　　　　图 3-3　平菇桑葚期

（3）珊瑚期　主要特征是子实体明显分化为菇柄和菇盖。桑葚期的粒状凸起物伸长，如倒立火柴棍一样，下边白色圆柱状的为柄，上面呈深色圆形球状的为初生菇盖（图3-4）。此期为子实体分化阶段，主要是菇柄生长，形似珊瑚，故称珊瑚期。

（4）**成形期**　主要特征是菇盖生长快，偏生于菇柄上，形似半圆扇子，颜色由深开始变浅（图 3-5）。表现为菇柄生长慢，菇盖生长速度快，对环境条件要求严格。此期为生理转化期，死菇现象比较多，应加强温度、湿度、通气管理。

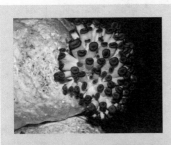 

图 3-4　平菇珊瑚期　　　　　图 3-5　平菇成形期

（5）**初熟期**　主要特征是菇盖下凹处有白色绒毛出现，少量孢子散落。此期组织较致密，肉质细嫩，重量最大，是采收最佳时期（图 3-6）。

（6）**成熟期**　主要特征是菇盖展开，光泽减少，大量散发孢子，组织疏松，肉质粗硬，重量减轻，孢子呈烟雾状放射。当室内湿度小时，菇盖边缘干裂，质地纤维化，发硬变干。若湿度过大或人为喷大水时，易烂菇发臭（图 3-7）。

图 3-6　平菇初熟期　　　　　图 3-7　平菇成熟期

四 平菇生长发育的条件

1. 营养条件

平菇属木腐菌类，可利用的营养很多，木质类的植物残体和纤维质的植物残体都能利用。人工栽培时，依次以废棉、棉籽壳、玉米芯、棉秆、大豆秸产量较高，其他农林废物也可利用，如阔叶杂木屑（苹果枝、桑树枝、杨树枝等）、木糖渣、蔗渣等。一般以棉籽壳、玉米芯、木屑为主。

2. 环境条件

（1）温度 温度是平菇生长发育过程中最重要的条件之一。平菇属广温变温型食用菌。按照平菇子实体出菇时对温度的要求，可划分为耐高温品种、耐低温品种、中温及广温型品种。不管哪个品种，都有自己孢子萌发、菌丝生长、子实体形成的温度范围和最适宜温度。但就一般而言，平菇生长发育对温度的要求范围较广。

1）孢子对温度的要求。平菇孢子可在 5 ~ 32℃下形成。以 13 ~ 20℃为最佳形成温度，这也是子实体生长的温度。孢子萌发温度则以 24 ~ 28℃最适宜，与菌丝生长温度近似。

2）菌丝体对温度的要求。菌丝体生长的温度范围为 5 ~ 37℃，在这个温度下菌丝生长得非常好，菌丝粗壮，生长速度快。当温度偏低时，菌丝生长缓慢，但粗壮有力，吃料整齐，菌丝洁白。菌丝对低温的抵抗力很强，在温度升高时，菌丝生长速度随温度的升高而加快，但生长细弱。当温度达到 38℃以上时，菌丝停止生长，若时间延长，菌丝死亡。所以在平菇培养中，发菌阶段极为重要，室温一般不能超过 30℃，以 20 ~ 25℃发菌为宜。

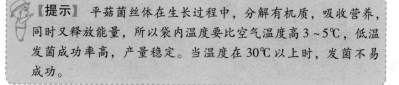

【提示】 平菇菌丝体在生长过程中，分解有机质，吸收营养，同时又释放能量，所以袋内温度要比空气温度高 3 ~ 5℃，低温发菌成功率高，产量稳定。当温度在 30℃以上时，发菌不易成功。

3）子实体对温度的要求。平菇品种较多，不同品种的平菇子实体可在 3 ~ 35℃温度范围内生长，栽培者可根据实际出菇季节选择不同温型的品种。

【提示】 各种类型的平菇品种在子实体分化时都需要较大的昼夜温差，创造 8 ~ 10℃ 的昼夜温差对出菇非常有利，这在防空洞、山洞、土洞、地下菇房尤为重要，防止恒温或温差过小，导致不出菇现象的发生。

（2）**水分和湿度** 平菇是喜湿性菌类，有水分刺激，菌丝才能扭结现蕾，此时要求培养料含水量为 60% ~ 65%。水分含量少，对产量的影响较大；水分过多，培养料通气性差，易引起杂菌和虫害的发生。

菌丝体生长阶段要求空气相对湿度在 70% 以下，而子实体发育阶段则要求空气相对湿度不低于 85%，以 90% 最好，在子实体发育过程中，随着菇体增大，对空气相对湿度要求越来越大。当空气相对湿度小时，菌丝体失水停止生长，严重时表皮菌丝干缩。空气相对湿度大小直接决定着平菇子实体的重量，湿度大，肉质嫩而细，光泽好；湿度小，肉质纤维化，发硬。空气相对湿度要连续保持，严防干干湿湿及干热风。在一定温度下，保湿是获得高产的重要条件之一。

（3）**空气** 平菇是好气性真菌，在生长发育过程中，不断吸收空气中的氧，排出二氧化碳。在平菇栽培中，菌丝体生长阶段比较能忍耐二氧化碳。当菌丝生长成熟，即由营养生长转为生殖生长时，一定浓度的二氧化碳能促进子实体分化，但浓度过大时，子实体原基不断增大，易形成菜花形畸形菇。当子实体形成后，呼吸作用旺盛，需氧量增加，此时通气不好，子实体只长柄，不长菇盖，形成菊花瓣状畸形菇。

（4）**光照** 几乎所有的食用菌菌丝生长阶段不需要光线，发菌阶段应处于完全黑暗的环境下。冬季如果利用太阳能增温加快发菌速度，必须在菌袋上方加不透明覆盖物或遮阳网。

子实体发育阶段需要一定的散射光，尤其在菌丝由生长期转化为繁殖期，即菌丝扭结现蕾时，需要散射光，以利刺激出菇。在暗光下，易出现菜花状畸形菇、大脚菇。

平菇

第三章

63

（5）酸碱度　平菇菌丝生长喜欢偏酸性环境，菌丝在 pH 为 5～9 之间能生长繁殖，但最适的 pH 在 5.5～6.5 之间。由于生长过程中菌丝的代谢作用，培养料的 pH 会逐渐下降，同时为了预防杂菌污染，在用生料栽培平菇时，pH 要调到 8～9；采用发酵料栽培时，pH 调到 8.5～9.5，发酵后 pH 为 6.5～7。生料发菌过程中，培养料 pH 的变化受室温、气温及料内温度的影响较大。

> 【提示】　夏季高温时，料要偏碱些，而低温时以中性为佳，一般防酸不防碱。

第二节　平菇品种及选择

一　按色泽划分

不同地区人们对平菇色泽的喜好不同，因此栽培者选择品种时常把子实体色泽放在第一位。按子实体的色泽，平菇可分为以下几种：

（1）黑色品种　黑色品种多是低温种和广温种，属于糙皮侧耳和美味侧耳（彩图 1）。

（2）灰色品种　这类色泽的品种多是中低温种，最适宜的出菇温度略高于深色种，多属于美味侧耳种。色泽也随温度的升高而变浅，随光线的增强而加深（彩图 2）。

（3）白色品种　白色品种多为中广温品种，属于佛罗里达侧耳种（彩图 3）。

（4）黄色品种　黄色平菇又称金顶侧耳、榆黄蘑、金顶菇（彩图 4）。

（5）红色品种　又名红侧耳、桃红平菇，既可做美味佳肴，又可做盆景观赏（彩图 5）。

【注意】 黑色平菇、灰色平菇色泽的深浅程度随温度的变化而改变，一般温度越低色泽越深，温度越高色泽越浅。另外，光照不足色泽也变浅。

二 按出菇温度划分

(1) 低温型 出菇温度低，在 3~15℃ 形成子实体，一般在秋冬季栽培。

(2) 中温型 出菇温度为 10~20℃，一般在春秋季节栽培。

(3) 高温型 出菇温度为 20~30℃，一般在夏季、早秋季节栽培（彩图 6）。

(4) 广温型 出菇温度为 4~30℃，一般在春夏秋季进行栽培。

三 平菇菌种选择注意事项

1）不同的栽培季节应使用不同温型的品种。若品种温型与栽培季节不符，将严重影响平菇的产量和质量，甚至导致绝收。

2）选用菌种时应根据当地的消费习惯进行选择，如有的地方喜爱黑色平菇，有的地方喜爱灰色平菇，不要一味追求新、特、异品种，以防销路受阻。

3）在选购菌种时，不但应选择菌丝生长快、抗逆性强、出菇早、产量高、香味浓的品种，而且应了解该菌种对温度、营养、氧气、湿度、酸碱度等条件的要求，以作为栽培管理时的参考。

4）优良平菇菌种的特征：

① 从外表看，袋内菌丝全部呈棉絮白色，粗壮密集，分布均匀，没有杂色菌丝，前端整齐，呈扇形发展。

② 菌丝分解过的棉籽壳培养料变成黄褐色，木屑培养料变成白色至浅黄色，吃料到底，有朽木香味。

③ 菌种有平菇的特殊芳香味，用手按培养基时有弹性；掰菌种时不易碎，菌龄 25~40 天。

5）劣质菌种的特征：

① 菌丝生长缓慢无力，不均匀、不向下蔓延，或菌丝虽然长满袋，但袋上部菌丝退掉，只剩下褐色培养料。

② 菌丝发黄，表面产生一层菌膜（菌被），生长缓慢，表明菌种已退化。

③ 菌丝长满袋后，稀疏或成束发育不匀，上部出现粗的线状菌丝索。

④ 凡是菌种内出现杂色斑点，暗白色、浅黄色的圆形或不规则形颗粒状物，或不同菌丝的抑制线，都是感染了杂菌，均应立即抛弃，绝对不能使用。

⑤ 如果培养基表面出现大量珊瑚状小菇蕾，或从瓶盖缝隙处长出子实体，说明菌种的菌龄已较大，应尽早使用。在用种时若有珊瑚状小菇蕾出现，应在无菌条件下予以剔除。若培养基干缩，瓶底处存积黄水，则说明菌种已老化，不宜使用。

第三节　平菇栽培设施和栽培原料

一　栽培设施

食用菌栽培按场地可分为室内栽培与露天栽培两大类。室内栽培包括房屋、楼房、地下室、防空洞等（以土、石、混凝土为结构）的栽培方式；露天栽培又有露天封闭式栽培与露天开放式栽培之分，前者包括阳畦栽培、塑料棚栽培、太阳能温床栽培，地下式、半地下式温室栽培，浅沟式栽培，土垄式栽培，冬暖式日光温室栽培及简易日光温室栽培等几种；后者是指与田间作物、林木的间套种植，故生产者应根据自己的实际情况、栽培季节及场地内的温度等变化状况，本着"经济、方便、有效"的原则，因地制宜，自主选择。

1. 菇房

菇房多用砖瓦和泥草建筑而成。不论采用哪种建筑材料，墙壁和屋顶都要尽量厚些，以减少自然温度对菇房内温度的影响。菇房一般坐北朝南，长 7~10m，宽 6~7m，不宜过大。若生产规模较大，菇房建造时要打隔断分成若干间，并独立开门，以便消毒灭虫。南北两墙要开窗，窗不宜过大，以利菇房内温度、湿度和光照强度的控制。每个窗和门都要安装纱窗，以防害虫侵入。房顶要开排风筒（图 3-8）。

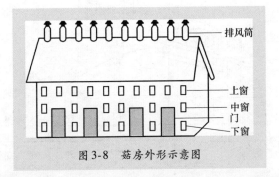

图 3-8　菇房外形示意图

菇房内可根据栽培种类的不同设置菇床、床架或其他栽培设施。

2. 温室

食用菌栽培常用的温室有三折式温室、半拱圆形温室、日光温室等。其建造材料主要是砖、土、泥、钢材、水泥、竹条、木材、草帘、塑料薄膜等。

（1）三折式温室　三折式温室北墙高 1.88m，墙厚 0.24m，山墙与塑料屋面高度相同，并相接合。温室跨度 6m，开间 3.3m，单间面积为 18～19.8m²，每间北墙留一 900～1600cm² 的通风孔，并安装纱窗。进光面为三个折面，全长 5.3m（图 3-9）。

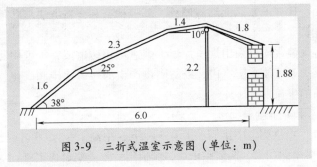

图 3-9　三折式温室示意图（单位：m）

（2）半拱圆形温室　北侧是一道土墙，跨度 4.5～5.0m；墙高 1.2～1.3m，厚 0.5m。后屋面有檩、桁支承，进光面用竹竿或毛竹片做拱架形成半拱圆面，拱架间距约 30cm，排立柱支承拱架。立柱与拱杆间用 CP6 的钢筋或 8 号铁丝做拉线，拉线与立柱顶紧紧固定，每间后墙留一个通风孔（图 3-10）。

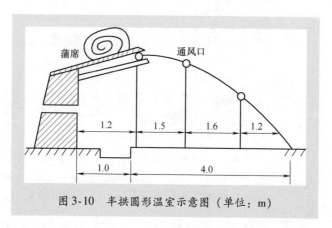

图 3-10　半拱圆形温室示意图（单位：m）

（3）日光温室　北侧是一道砖墙或土墙，也可用三合土，脊高为 2.0～2.2m，跨度 6m 左右，采光面以倾斜 30°～35°为适宜，北墙厚度为基部 1.5m，向上渐薄，墙顶厚 1m。若用砖垒墙，要垒成空心墙，中间填入木屑、稻壳、碎稻草等，填充踏实，然后用泥封好。后屋面椽子上要铺 10cm 左右厚的秸秆，上面再填抹 5cm 厚的泥。采光面用直径 8cm 的木杆或粗竹竿为椽，间距 1m，上覆塑料薄膜，塑料薄膜外要用压条压紧。草帘长以完全覆盖屋面为准，厚 5cm。日光温室除北墙较厚外，其他构造和建造方法与其他温室基本相同。

各类温室均可采用烟道加温，烟道可用砖砌成，也可用瓦管代替。煤炉不可放在温室内，以防燃烧产生的一氧化碳和硫化物影响食用菌的生长发育。

3. 中小拱棚和阳畦

（1）中拱棚　中拱棚一般宽 3～5m，中高 1.5～2.0m，长 10～15m，多坐北朝南，两侧是山墙，棚顶用竹木支架做成拱棚，支架外覆一层塑料薄膜，薄膜外再加盖草苫，一般无加温设备，完全靠日光增温。在食用菌生长发育中需特殊人工加温时临时架设烟筒煤炉升温。

（2）小拱棚　小拱棚主要用细竹竿、竹片、荆条或 8 号铅丝、$\phi 6～8mm$ 钢筋做支架，在宽 1.3～1.6m 的畦面上，沿两侧畦埂每隔

30～60cm 顺序插入架材，深为 20～30cm，弯成拱形骨架，高约 1m，长度依地块大小而定，骨架上覆盖塑料薄膜和草帘（图 3-11）。

（3）改良阳畦（半拱形小拱棚） 它是在小拱棚的基础上发展起来的。其结构是棚的北侧有一道土墙，骨架的一端插入畦埂，另一端插入墙中，形成半拱圆形，棚外加盖塑料薄膜和草帘（图 3-12）。北墙设通风孔。

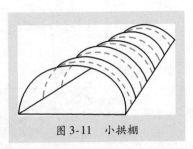

图 3-11　小拱棚

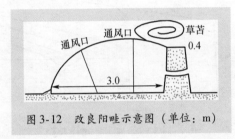

图 3-12　改良阳畦示意图（单位：m）

4. 连墙大拱棚

连墙大拱棚是在塑料大棚的基础上发展而来的，棚东西向，北面和东西山墙用土打墙，南面用竹木搭成拱架，呈半拱形，上覆盖塑料薄膜和草苫（图 3-13），这种大棚较常规的塑料大棚更适于食用菌的生长，其优点是北侧有挡风墙，保温性能好，半拱圆骨架支撑力强。

5. 半地下菇棚

半地下菇棚是北方较干燥寒冷地区很好的种菇设施。它既能保证食用菌的正常生长，又能节约设施成本，且便于管理。半地下菇棚的优点是造价低廉、冬暖夏凉、通风良好、保温保湿性能强。半地下菇棚有一面坡形和拱顶形两种。

（1）一面坡形半地下菇棚 一般宽 8m 左右，长 50m，用推土机就地铲土，推出北墙，棚下地面低于地表面 0.8m 左右，将北墙夯实，并留出通风孔。同时将南侧地表剖面拍实，以防雨季水土灌入棚内。用钢筋或竹板做支架，上覆盖塑料薄膜和草苫（图 3-14）。

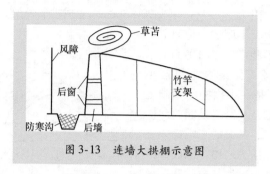

图 3-13　连墙大拱棚示意图

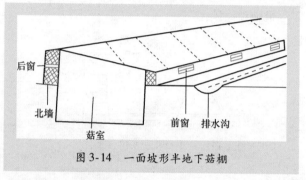

图 3-14　一面坡形半地下菇棚

（2）拱顶形半地下菇棚　在地面挖一长方形深沟，沟宽 3.5 ~ 4.0m、长 20 ~ 30m、深 1.2m 左右。有条件的可在棚沟四周抹一层花秸泥或砌成砖墙。地上部分再砌成 0.8 ~ 1.0m 高的墙，南北墙上留排气窗，上用竹片或钢筋搭架成拱形，外面再覆盖塑料薄膜和草苫（图 3-15）。

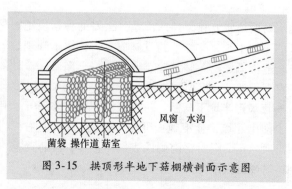

图 3-15　拱顶形半地下菇棚横剖面示意图

建造半地下菇棚时要注意以下三点：一是造棚场地的土质必须是黏土或壤土，以黏土最好，沙壤土不适于建造半地下菇棚；二是菇棚四周必须挖排水沟，以防夏季积水灌入棚内；三是菇棚宽度不可过大，以免造成坍塌。

6. 简易菇棚建造

农村一家一户使用的菇棚较简易，省工省时，节约投入，使用材料可就地取材，土法建造，因地制宜，一个半亩地（1 亩 ≈ 667m²）的简易菇棚仅投资几千元（图3-16）。其建造程序如下：

（1）三面墙的形成 可用空心砖、石块、黏土砌成，后墙背面有挡风防寒的草垛等或因地势利用向阳山坡形成土墙，或用土堆积成向北坡式后墙及两边墙，三面墙越厚越有利于保温。

（2）竖立柱 先埋后立柱，要求距后墙内侧1m。东西向间隔 1.5 ~ 1.8m，后立

图3-16　简易菇棚骨架

柱是简易棚重量的主要支撑者，要求下部埋入50cm，下部最好设柱脚石，以防浇水下陷，材料可选用自备石条、木棍或水泥柱。后立柱向南 1.5 ~ 2m 埋中二立柱，立柱顶端都要制成凹面，立柱的高度决定简易棚的坡度，根据冬季太阳入射角及棚坡面透光率、反射率和塑料薄膜的吸收率，经理论推算及实践检验，山东省简易棚的坡度以25°左右为宜。

（3）拉脊仁 将立柱埋好后，即可安装后坡的八木。将八木的一端放入后立柱的缺口内，八木超出缺口，有利铺放保温材料。然后用8号铁丝从立柱上凹面下的小孔内穿过，将八木牢牢地绑在立柱上。八木的下端压在后墙中心稍偏处，八木的倾斜度为45°

第三章　平菇

71

左右。

温室的脊仁是用两根 8 号铁丝合并在一起，在后立柱顶端拉紧并固定。再于后坡的八木上面拉 4 道 8 号铁丝做檩条，这样温室后坡的内架即已搭成。

（4）铺后坡　最好先在搭好的架上铺一层旧薄膜，薄膜上面铺捆好了的玉米秸，玉米秸上覆泥土，压实后用草泥抹平。

（5）安装前坡八木　温室前坡八木是竹竿，粗头在上，压在建好的后坡之内，并用 8 号铁丝与后立柱上端连接固定。细头在下，沿立柱凹部用铁丝绑在中二立柱上，下端长出的部分锯掉，固定好的八木略呈弧形。再将中竹竿沿东西方向绑在前立柱的凹面内，并用铁丝固定。

（6）铺膜、压膜　选无风晴天，将事先黏合好的薄膜，从温室的一端滚到另一端，用力拉紧，不能有褶皱，薄膜上部留 40cm 搭在后坡面上，以备揭膜放风，膜的下部也要余有 10～15cm，备压土封膜，压膜要从一端开始，用小竹竿与膜下竹竿相对应，用 16 号铁丝自上而下插膜而过拧紧，竹竿的下端与前立柱拉杆平齐。

二 栽培原料

1. 主要原料

（1）棉籽壳　由于棉籽壳营养物质含量丰富，结构外松内实，通气性好，蓄水性也较强，可单独作为栽培主料用于多种食用菌及药用菌的栽培，是栽培食用菌的上等原料。

【小窍门】>>>>

　　选购棉籽壳时应注意：第一，壳上绒不宜过长或太多，但也不可壳上无绒，要求有一定数量的短绒；手握稍有刺感，但手感柔软。第二，棉籽壳外观应色泽灰白或雪白，而不是褐色；发霉、结块、生虫的棉籽壳不宜用于食用菌生产。第三，棉籽壳内不能含超量棉籽仁，否则会影响发菌。

（2）木屑　用于栽培食用菌的木屑主要是阔叶树木屑，如栎树、杨树、果树等的木屑，配以熟料袋栽模式，适合大多数木腐菌的栽培。但木屑一般粗纤维和碳水化合物含量较高，含氮化合物较少，而且速效养分也较少，绝大多数食用菌对其难以直接利用，需要添加含氮、维生素丰富的营养物质改善其营养结构，常用的为麸皮、米糠、玉米面等物质，还可添加蔗糖等速效养分，以保证食用菌的稳产、高产。

【注意】 松、柏、杉等针叶树的木屑，因含松脂、精油、醇、醚等杀菌剂，一般不能直接用于食用菌的栽培；如果利用也尽可能用陈木屑或经石灰水浸泡、发酵处理后的木屑，且添加量一般不超过20%。

(3) 玉米芯 必须选用干燥、无霉变的玉米芯，用粉碎机粉碎成花生粒般大小的颗粒状。筛孔用 8mm、10mm 的钻头各钻一半孔，这样粉碎出的培养料粗细适宜，透气性好，极有利于菌丝的生长。

【提示】 采用玉米芯为主要原料时，要粉碎成花生粒大小，并采用发酵方式栽培，以改善其理化性质并让原料吸足水分。

(4) 废棉 废棉是纺纱厂、轧花厂等棉花加工厂的下脚料，主要由棉短绒纤维和少量的棉籽壳、瘪籽、碎棉仁及棉花叶的粉末组成，是种植食用菌的良好原料，用废棉种平菇，方法与棉籽壳基本相同。

但由于废棉成分复杂，棉纤维较多，废棉种植平菇类珍稀菌应注意以下事项：

1）料水比例。用棉籽壳栽培平菇类珍稀菌料水比一般为 1:(1.2~1.3)。废棉主要成分是棉短绒纤维，其吸水强，料水比可提高到1:(1.5~1.6)，但这也应随季节气候而异，春、秋季气温高，料水比可低一些，冬季栽培可适当提高料水比，灵活掌握、切勿过高，这是废棉种菇成败的关键。

2）发酵栽培。废棉往往不及棉籽壳新鲜，加之有部分瘪籽和少量未去仁的棉籽，若采用生料栽培则棉籽等害虫及杂菌猖獗，常遭失败，所以应将其发酵后再用。发酵过程中，料温在60℃以上保持2~3天，可杀死料中的大部分有害杂菌和虫卵，从而有效地控制菌、虫污染危害，提高成功率，发酵还可使原料中的复杂成分分解成易为菌丝吸收的简单物质，使菌丝吃料快，生长旺盛，很快布满料面形成优势。

3）增加袋内的透气性。废棉的棉纤维在装料时易纠集在一起影响通气，吸水后废棉蓄水能力强，易造成透气性差，致使培养料表面菌丝生长快，而内部发菌慢。栽培时可采取下列措施，增加透气性。

① 在培养料中加10%~15%的稻壳。

② 袋栽时料要虚，袋内装料不宜过多，用45cm×25cm塑料袋栽培，棉籽壳培养料可装830g（干重），而废棉培养料只能装610g，也可于接种后在袋中间打一个洞再封口，或用消毒的针在接种处扎一些小孔，以利通气。

③ 接种时菌种块适当大些，以核桃大小（约2cm³）的菌块为好，这样与培养料间有一定孔隙，可加快菌丝恢复和生长。

4）加强发菌管理。用废棉种菇，由于透气性差，在发菌期间产生的呼吸热散失也慢。为避免发生烧料现象，袋栽时堆垛不能太高，袋间距离也不宜太密，冬季可垛2~3层，春、秋季最好单层摆放，袋间距约2cm，发菌期间要勤翻垛，防止水渗到袋下部影响发菌，以使菌袋上下菌丝生长一致，便于管理。

（5）秸秆类 包括稻草、玉米秸、麦秸、豆秸、野草等，一般不采用袋栽，原因主要是其容重太小。在同样设施和劳动力的条件下，投料量太少，总产量太低，要采用这类原料时，可用畦式栽培或垛式栽培。

（6）食品加工下脚料 主要包括酒糟、醋糟、糠醛渣、甘蔗渣、糖醇渣等，使用这类原料栽培平菇类珍稀菌时应注意其原料的pH，把pH用生石灰调节至适宜，一般采用熟料栽培。

2. 辅料

（1）麦麸 主要作为氮源物质，用于调整食用菌栽培料的碳氮比。此外，还为食用菌生长提供所需的各种维生素，如维生素B_1、

维生素 B_2 等。但需注意添加量不宜过高，否则会造成培养料碳氮比失调；氮素过量不仅会造成菌丝徒长，而且还易感染杂菌，甚至导致不出菇或出畸形菇。一般使用量为 15%～20%。

(2) 玉米粉 在食用菌栽培中既可作为速效养分，促进菌丝快速生长，又可为食用菌生长提供生物素等维生素，常被视为增产剂。特别是金针菇栽培中，添加玉米粉后，菇柄长得粗壮、白嫩，应用较广。

【提示】 玉米粉主要用于低温型食用菌的生产，添加量一般控制在 3%～5%。高温季节进行食用菌生产一般不加或少加玉米粉，以免造成链孢霉杂菌污染。

(3) 糖类 主要指葡萄糖、白糖、红糖等。它们都是易被吸收的有机碳源，作为速效养分，适量添加有利于接种后菌丝的恢复生长。一般添加量控制在 1%～2%，加糖过多不仅增大成本，而且高温季节培养料易酸化、易感染杂菌，同时可使食用菌菌丝纤维素酶分泌迟钝，反而造成菌丝生长缓慢；如果添加量超过 8%，还会引起反渗透作用，造成菌丝细胞的水往外渗流，菌丝失水，影响菌丝新陈代谢，使菌丝变得纤细，最后影响产量。

(4) 矿质辅料 主要包括石膏粉（$CaSO_4$）、生石灰（CaO）、过磷酸钙 $[Ca(H_2PO_4)_2 \cdot H_2O]$ 等。培养料中添加 1%～2% 的石膏粉，能起到稳定酸碱度，增加钙、硫营养成分的作用；生石灰遇水变成氢氧化钙 $[Ca(OH)_2]$，具碱性，配料时添加 1%～5% 的生石灰，主要用以调节培养料的 pH，此外还具有防止绿色木霉等杂菌污染、缓冲菌丝代谢过程中产生的有机酸等作用，但不同的菇类耐酸碱性不同，所以要求生石灰的添加量也不一样，喜酸性食用菌如猴头、香菇、金针菇等的生产一般不添加生石灰；过磷酸钙水溶液呈酸性，为培养料提供钙、硫、磷等营养元素，使用过磷酸钙可以不再添加石膏粉，添加量一般控制在 1%～2%。

(5) 化肥 配制食用菌栽培料一般不需要加化肥，特别是无机肥，如碳酸氢铵、硝酸铵等。因为在有机氮源如麦麸、饼肥、玉米面等充足的情况下，食用菌一般利用无机氮的能力很差，就

是说加的无机肥不能被有效利用，白白增加成本。所以栽培料最好按配方组料，如果想加化肥，可选有尿素的配方，并且也要少加。

总之，不同地区应根据当地资源的实际情况，因地制宜，就地取材，降低成本，提高效益。

第四节　平菇高效栽培技术

一　栽培季节

平菇具有不同的温型，适宜一年四季栽培，目前以中低温品种的栽培为主。根据平菇的市场需求一般以秋、冬季生产为主，春季平菇一般随着气温的逐步升高和其他蔬菜的大量上市价格较低，夏季和早秋栽培高温品种并辅以遮阳网、风机降温措施，可获得较高的经济效益。

二　栽培配方

1. 以棉籽壳为主料

棉籽壳养料是目前生料栽培的最佳原料，单以100%的棉籽壳栽培，生物转化率可达100%～150%，如果能覆土将会提高产量，增产效果更佳。常用配方如下：

配方一：棉籽壳92%，豆饼1%，麸皮5%，过磷酸钙1%，石膏1%。

配方二：棉籽壳90%，麸皮5%，草木灰3%，过磷酸钙1%，石膏1%。

配方三：棉籽壳45%，玉米芯45%，过磷酸钙1%，米糠7%，石膏2%。

2. 以玉米芯为主料

配方一：玉米芯55%，豆秸粉40%，过磷酸钙3%，石膏2%。

配方二：玉米芯70%，棉籽壳25%，过磷酸钙3%，石膏2%。

3. 以木屑为主料

配方：杂木屑（阔叶）70%，麦麸27%，过磷酸钙1%，石膏1%，蔗糖1%。

以上配方含水量均为 60%~65%，pH 用生石灰调至 8.5~9。

【注意】 在实际栽培中，提倡将多种原料混合使用，以弥补各种原料的缺点，如棉籽壳能改善玉米芯颗粒间空隙过大的缺点，提高每袋的装料量和产量；玉米芯能改善木屑粒径太小，装袋后袋内通气不畅、发菌不良的缺点；木屑能改善棉籽壳、玉米芯栽培后劲不足的缺点。

平菇栽培料的配方，各地要因地制宜，尽可能采取本地原料，以降低生产成本。高温期平菇栽培配方要减少配方中麦麸、玉米粉、米糠等的用量，尿素能不用尽量不用；石灰的用量要适当增加，以提高培养料的 pH；培养料的含水量一般要偏少些。

三 拌料

按照选定的栽培配方，准确称取各种原料，将麸皮、石膏粉、石灰粉依次撒在棉籽壳堆上混拌均匀（棉籽壳需提前预湿），接着加入所需的水，使含水量达 60% 左右。检测含水量方法：手掌用力握料，指缝间有水但不滴下，掌中料能成团，为合适的含水量；若水珠成串滴下，表明太湿。一般宁干勿湿。含水量太大不仅会导致发菌慢，而且易污染杂菌。

【提示】 拌料力求"三均匀"，即主料与辅料混合均匀、水分均匀、酸碱度均匀。否则，麦麸多的部位易感染杂菌，麦麸少的部位菌丝生长弱；水分多的部位通气不良易感染杂菌，水分少的部位菌丝生长弱；酸碱度大的部位菌丝生长弱，酸碱度小的部位易感染杂菌。

四 培养料配制

栽培平菇的原料有不处理直接装袋（生料栽培）、发酵（发酵栽培）、热蒸汽蒸熟（熟料栽培）三种处理方式。

1. 生料栽培

（1）生料栽培的优缺点 生料栽培是培养料不经过灭菌、也不经过发酵处理，在自然条件下，直接拌料播种的一种栽培方法，在我国北方尤其是秋冬季节非常普遍。其原料要求新鲜、无霉变，栽培前最好曝晒 2~3 天。拌料时加水量适当少些，pH 适当提高。

生料栽培平菇的优点是原料不需要任何处理，操作简单易行；缺点是菌种用量大（尤其是高温季节用量在 15% 左右）、菌丝生长速度慢、易污染。

【注意】 夏季采用生料栽培时最好采用折径口小的菌袋，以防高温"烧菌"。采用生料栽培的菌袋菇潮不明显。

（2）塑料袋的选择 平菇生料栽培一般选用聚乙烯塑料袋，塑料袋规格各地不同，一般为（25~30）cm×（45~50）cm，厚度一般以 0.03~0.04cm 为宜，在高温期一般用（18~20）cm×（40~45）cm× 0.015cm 的菌袋栽培，防止高温期"烧菌"。

扫码看实作

扫码看实作

（3）装袋播种 平菇生料栽培常用的装袋播种方法是"四层菌种三层料"，即先装一层菌种，再装入拌好的培养料，用手按实，在 1/3 处撒一层菌种（边缘多，中间少），然后再装入培养料，在 2/3 处撒一层菌种（边缘多，中间少），然后再装入培养料，离袋口 3cm 左右撒入一层菌种后，用绳扎紧。装袋后用细铁丝在每层菌种上打 6~8 个微孔（图 3-17），进行微孔发菌。

装好的菌袋还可用木棒中央打孔发菌法，将装袋播种后的菌袋用直径 3cm 左右的木棒在料中央打一个孔，贯穿两头，进行发菌（图 3-18）。

图 3-17　微孔发菌

图 3-18　木棒打孔发菌

【注意】　如果用（18～20）cm×（40～45）cm×0.015cm 的袋栽培平菇时，也可两头接种，以节省劳动力；采用微孔发菌时，应在菌种上打微孔，以防感染杂菌；木棒打孔发菌时应先把菌袋排好，上层菌袋先打孔，打完一层后再打下一层，否则下层的孔会消失。

【提示】　薄的塑料袋壁可紧贴料面，不致"遍身出菇"，易于管理。秋季及早春栽培时用较窄的塑料袋，冬季气温低时用较宽的塑料袋。

2. 发酵料栽培

发酵料栽培就是将培养料堆制发酵后进行开放式接种的一种栽培方法。平菇培养料堆制发酵是提高栽培成功率和生产效率的一项重要措施，更是高温季节栽培平菇的一个非常好的方法。培养料发酵是运用巴斯德消毒原理，在保持料堆良好的通气条件下，促使堆内有益微生物大量繁殖，在若干种群微生物所分泌的胞外酶的催化下，使复杂的有机物分解和降解，改善培养料的理化性状，并通过释放的热杀灭潜藏在培养料内的杂菌和虫卵的方法。

（1）发酵机理

1）发酵的微生物学过程。培养料堆制发酵过程要经 3 个阶段：升温阶段、高温阶段和降温阶段。

① 升温阶段。培养料建堆初期，微生物旺盛繁殖，分解有机质，释放出热量，不断提高料堆温度，即升温阶段。在升温阶段，料堆中的微生物以中温好气性的种类为主，主要有芽孢细菌、蜡叶芽枝霉、出芽短梗霉、曲霉属、青霉属、藻状菌等参与发酵。由于中温微生物的作用，料温升高，几天之内即达50℃以上，即进入高温阶段。

② 高温阶段。堆制材料中的有机复杂物质，如纤维素、半纤维素、木质素等进行强烈分解，主要是嗜热真菌（如腐殖霉属、棘霉属和子囊菌纲的高温毛壳真菌）、嗜热放线菌（如高温放线菌、高温单孢菌）、嗜热细菌（如胶黏杆菌、枯草杆菌）等嗜热微生物的活动，使堆温维持在60~70℃的高温状态，从而杀灭病菌、害虫，软化堆料，提高持水能力。

③ 降温阶段。当高温持续几天之后，料堆内严重缺氧，营养状况急剧下降，微生物生命活动强度减弱，产热量减少，温度开始下降，进入降温阶段，此时及时进行翻堆，再进行第二次发热、升温，再翻堆，经过3~5次的翻堆，培养料经微生物的不断作用，其物理和营养性状更适合食用菌菌丝体的生长发育需求。

2）料堆发酵温度的分布和气体交换。发酵过程中，受条件限制，表现出料堆发酵程度的不均匀性。依据堆内温、湿度条件的不同，可分为干燥冷却区、放线菌高温区、最适发酵区和厌氧发酵区4个区（图3-19、图3-20）。

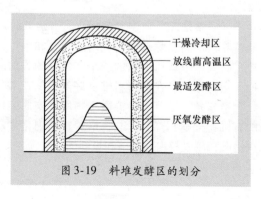

图3-19 料堆发酵区的划分

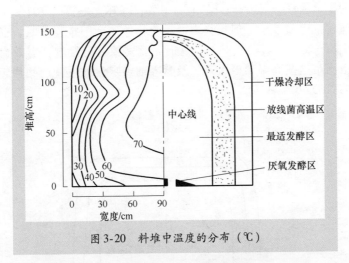

图 3-20　料堆中温度的分布（℃）

① 干燥冷却区。该区和外界空气直接接触，散热快，温度低，既干又冷，称干燥冷却层。该层也是料堆的保护层。

② 放线菌高温区。堆内温度较高，可达 50～60℃，是高温层。该层的显著特征是可以看到放线菌白色的斑点，也称放线菌活动区。该层的厚薄是料堆含水量多少的指示，水过多则白斑少或不易发现；水不足，则白斑多，层厚，堆中心温度高，甚至烧堆，即出现"白化"现象，也不利于发酵。

③ 最适发酵区。它是发酵最好的区域，堆温可达 50～70℃。该区营养料适合食用菌的生长，该区发酵层范围越大越好。

④ 厌氧发酵区。它是堆料的最内区，往往该区缺氧，呈过湿状态，称厌氧发酵区。该区往往水分大，温度低，料发黏，甚至发臭、变黑，是料堆中最不理想的区。若长时间覆盖薄膜会使该区明显扩大。

料堆发酵是好气性发酵，一般料堆内含的总氧量在建堆后数小时内就被微生物呼吸耗尽，主要是靠料堆的"烟窗"效应来满足微生物对氧气的需要，即料堆中心热气上升，从堆顶散出，迫使新鲜空气从料堆周围进入料堆内（图 3-21），从而产生堆内气流的循环现象。但这种气流循环速度应适当，循环太快说明料堆太干、太松，易发生"白化"现象；循环太慢，氧气补充不及时而发生厌氧发酵。但当料堆内微生物繁殖到一定程度时，仅靠"烟窗"效应供氧是不够的，这时，就需要进行翻堆，有效而快速地满足这些高温菌群对氧气及营养的需求，就可以达到均匀发酵的目的。

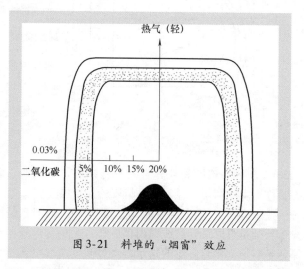

图 3-21　料堆的"烟窗"效应

3）料堆发酵营养物质发生的变化。培养料的堆制发酵，是非常复杂的化学转化及物理变化过程。其中，微生物活动起着重要作用，在培养料中，养分分解与养分积累同时进行着，有益微生物和有害微生物的代谢活动要消耗原料，但更重要的是有益微生物的活动把复杂物质分解为食用菌更易吸收的简单物质，同时菌体又合成了只有食用菌菌丝体才易分解的多糖和菌体蛋白质。培养料通过发酵后，过多的游离氨、硫化氢等有毒物质得到消除，料变得具有特殊料香味，透气性、吸水性和保温性等理化性状均得到一定改善。此外，堆制发酵过程中产生的高温，杀死了有害生物，减轻了病虫害对平菇生长的威胁和危害。可见，培养料堆制发酵是食用菌栽培中重要的技术环节，它直接关系到食用菌生产的丰歉成败。

【提示】 在发酵中，首先要对发酵原料进行选择，碳氮源要有科学的配比，要特别考虑碳氮比的平衡。其次要控制发酵条件，促进有益微生物的大量繁殖，抑制有害微生物的活动，达到增加有效养分、减少消耗的目的。培养料发酵既不能"夹生"，以防病虫危害；也不能堆制过熟，而使养分过度消耗和培养料腐熟成粉状，失去弹性，物理性状恶化。

（2）场地选择 建堆场地多在室外，最好选紧靠菇棚的水泥地面。冬天要选择在向阳避风地方，夏天宜选择在阴凉地方。场地要求有一定坡度，以利排水，且要求环境清洁、取水方便、水源洁净。

（3）发酵方法 以棉籽壳为例论述发酵方法。

原料最好选用新鲜、无霉变的，将拌好的料堆成底宽2m、高1m的梯形堆，长度不限的长形堆。每堆投料冬季不少于500kg，夏季不少于300kg，用料过少，料温升不高，达不到发酵的目的。起堆要松，要将培养料抖松后上堆，表面稍压平后，在料堆上每隔0.5m从上到下打直径5～10cm的透气孔（图3-22），呈"品"字形均匀分布，以改善料堆的透气性。待温度自然上升至60℃以上后，保持24h，然后进行第一次翻堆，翻堆时要把表层及边缘料翻到中间，中间料翻到表面，稍压平，插入温度计，再升温到60℃以上，如此进行3～5次翻堆，即可进行装袋接种。

图3-22 培养料发酵

扫码看实作

第三章 平菇

（4）优质发酵料的标准 发酵好的培养料松散而有弹性，略带褐色，无异味，不发黏，质感好，遍布适量的白色放线菌菌丝，pH 为 7～8，含水量为 65% 左右。

（5）发酵注意事项

1）建堆体积要适宜。料体积过大，虽然保温保湿效果好、升温快，但边缘料不能充分发酵；料体积过小，则不易升温，腐熟效果较差。

2）料堆温度达到 60℃ 时开始计时，保持 24h 后进行翻堆，以杀死有害的真菌、细菌、害虫的卵和幼虫等。

3）翻堆要均匀。在发酵过程中，堆内温度的分布规律是：表层受外界影响温度波动大、偏低，这层很薄；中部很厚的一层温度很高，发酵进度快；下部透气不良，温度低，发酵差。所以，在翻堆时一定要做到上下内外均匀。

4）根据堆内温度分布规律，每次投料量大时，在发酵后期，可结合翻堆取出中部发酵好的料进行栽培，表层和下部的料翻匀后继续起堆发酵，此法称为"扒皮抽中发酵法"。

5）播种前发现料堆水分严重损失时，可用 pH 为 7～8 的石灰水加以调节，一定不要添加生水，以免滋生杂菌，导致播种后培养料发黏发臭。

6）水分和通气是相互矛盾的两个因素，只有在含水量适中的条件下，才能使料堆保持良好通气状况，进行正常发酵。在预定时间（24～48h），若堆温能正常上升到 60℃ 以上，开堆可见适量白色嗜热放线菌菌丝，表示料堆含水量适中、发酵正常。如果建堆后堆温迟迟不能上升到 60℃，说明发酵不正常。可能是培养料加水过多，或堆料过紧、过实，或因未打气孔或通气孔太少等原因，造成料堆通气不良，不利于放线菌生长繁殖，培养料不能发酵升温。在此情况下应及时翻堆，将培养料摊开晾晒，或添加干料至含水量适宜，再将料抖松后重新建堆发酵。如果料堆升温正常，但开堆时培养料有"白化"现象，说明培养料含水量过少，可在第一次翻堆时适当添加水分（用 80℃ 以上的热水更好），拌匀后重新建堆。

7）发酵终止时间应根据料堆 60～70℃ 持续时间和料堆发酵均匀

度而定。第一次翻堆可在60℃以上保持24h后翻堆；以后每次翻堆，一定要在堆温达到65℃左右，保持24h才能进行。一般经过3~5次翻堆，可以终止发酵。如果60℃以上持续时间不足、堆料发酵不均匀，则中温性杂菌可能大量增殖；发酵时间过长，会使料堆中有机质大量分解，损失养分，影响平菇产量。

8）发酵期间雨天料堆要覆盖塑料薄膜，防止雨淋，晴天掀掉薄膜。

9）发酵料栽培平菇菇潮明显，可分次分批发酵原料，分批生产，以免出菇过于集中或过于稀疏。

（6）装袋播种 同生料栽培。

3. 熟料栽培

熟料栽培平菇一般在高温季节或者采用特殊原料（如木屑、酒糟、木糖渣、食品工业废渣、污染料、菌糠等）时采用，菌袋进行高压（常压）灭菌后接种、发菌。

（1）装袋 高压灭菌一般用17cm×33cm×0.05cm的高压聚丙烯塑料袋（一般用作菌种），常压灭菌一般用（17~22）cm×（35~40）cm×0.04cm的低压聚乙烯塑料袋。把拌好的料装入塑料袋内，扎紧袋口后灭菌。

（2）栽培袋灭菌 栽培袋可放入专用筐内，以免灭菌时栽培袋相互堆积，造成灭菌不彻底。然后要及时灭菌，不能放置过夜，灭菌可采用高压蒸汽灭菌法或常压蒸汽灭菌法。

1）高压蒸汽灭菌法。在126℃、压力1.0~1.4kgf/cm^2（1kgf/cm^2=0.0980665MPa）下保持2~2.5h（图3-23）。

图3-23 高压灭菌

【注意】 高压灭菌过程中应注意：

① 灭菌锅冷空气必须排尽。在开始加热灭菌时，先关闭排气阀，当压力升到 0.5kgf/cm² 时，打开排气阀，排出冷空气，让压力降到 0，直至大量蒸汽排出时，再关闭排气阀升压到 1.2kgf/cm²，保持 2h。

② 灭菌锅内栽培袋的摆放不要过于紧密，保证蒸汽通畅，防止形成温度"死角"，达不到彻底灭菌。

③ 灭菌结束应自然冷却。当压力降至 0.5kgf/cm² 左右，再打开排气阀放气，以免减压过程中，袋内外产生压力差，把塑料袋弄破。

④ 防止棉塞打湿。灭菌时，棉塞上应盖上耐高温塑料，以免锅盖下面的冷凝水流到棉塞上。灭菌结束时，让锅内的余温烘烤一段时间再取出来。

2）常压蒸汽灭菌法。

① 常压灭菌锅的类型。比较常见的有以下 4 种类型。

a. 简易常压蒸汽灭菌锅。用 1 口直径 85cm 的铁锅和砖、水泥搭建一个灶台，在灶台上方的房梁上顶部安放一个铁挂钩，并且用大棚塑料膜制作一个周长为 3m 的塑料桶，上头用绳子系好吊在铁挂钩上，下部将锅上部的灭菌物罩住并且压在灶台上即可（图 3-24）。这种类型的灭菌锅比较简单、成本低，但灭菌数量较少，适合初学者和小规模食用菌栽培户采用。

b. 圆形蒸汽灭菌灶。采用直径 110cm 的铁锅和砖、水泥搭建灶台，在灶台上用砖和水泥砌成 120～130cm 的正方形灭菌室，高130～150cm，上部用水泥封顶，在灭菌室下部预

图 3-24　简易常压灭菌蒸汽锅

留一个加水口，并且安放一个铁管，在一侧留一个规格为宽 65cm、高 85cm 的进出料口，并且用木枋做木门封进出料口；也可以用铁板焊制一个圆形的铁桶，直径 130cm，高 130～150cm，在铁桶下部焊一个铁管做加水口，用塑料膜封锅口。这种类型的灭菌锅优点是出料方便，不易感染杂菌，适合 1 万～2 万袋栽培规模使用。

c. 常压蒸汽灭菌箱。一般采用铁板和角铁焊制而成，规格为长 235cm、宽 136cm、高 172cm 的长方形铁箱，顶部呈圆拱形，防止冷凝水打湿棉塞，距离底部 20～25cm 高放置一个用钢筋焊制的帘子。如果为了节省燃料也可以在帘子下焊接 4 排直径 10cm 的铁管，管口一头在底部前端燃料燃烧处，作为进烟口；门在一头，规格为 90cm×70cm，底高 20cm，在门一头下侧安一个排水管，中间安一个放气阀，顶部安一个测温管。一般采用周转筐装、出锅，可以防止菌袋扎破，并且节省劳动力成本，一般采用 2 套周转筐即可，一次可以灭菌 1300 袋左右。

图 3-25　蒸汽发生器

d. 产气灭菌分离式灭菌灶。其结构分为蒸汽发生器（图 3-25）和蒸汽灭菌池（图 3-26）两部分。蒸汽发生器是用 1 个或 2 个并列卧放的柴油桶制作而成，先在油桶上方开 2 个直径 3.5cm 的孔洞，一个焊接一根塑料软管作为热蒸汽的连接管道，另一个焊接一根距离桶底 10cm 的铁管作为加水管，然后用砖砌成一个简易炉灶。蒸汽发生器也可直接采用灭菌炉（图 3-27）代替。蒸汽灭菌池可以在栽培场地中间建造，先向地下挖 30cm 深泥池，然后用砖和水泥砌成一个 2m×5m 的长方形水泥池，在池底留一个排水口，能够使灭菌后的冷凝水排出；在距池底 20cm 高处固定一个用钢筋焊接的帘子，灭菌时将栽培袋或周转筐放在帘子上方，高度可根据灭菌数量和炉灶承受能力确定。然后用苫布和大棚塑料膜将灭菌物盖严压好，并且将蒸汽软管通入灭菌池即可。

图 3-26　蒸汽灭菌池　　　　图 3-27　灭菌炉

② 常压锅灭菌过程。常压灭菌的原则是"攻头、保尾、控中间"，即在 3～4h 内使锅中下部温度上升至 100℃，然后维持 8～10h，快结束时，大火猛攻一阵，再焖 5～6h 出锅。把灭菌后的栽培袋搬到冷却室内或接种室内，晾干料袋表面的水分，待袋内温度下降到 30℃时接种。

③ 灭菌效果的检查方法。灭菌彻底的培养基应呈现暗红色或茶褐色，有特殊的清香味；颜色变成深褐色。

【注意】　常压灭菌应注意：

① 要防止烧干锅，在灭菌前锅内要加足水，在灭菌过程中，如果锅内水量不足，要及时从注水口注水。加水必须加热水，保证原锅的温度；最好搭一个连体灶，谨防烧干锅。

② 防止中途降温，中途不得停火，如果锅内达不到 100℃，则在规定的时间内达不到灭菌的目的。

③ 要防止存在灭菌死角，如锅底受热不均，有的地方火大，有的地方火小。

④ 灭菌时间不要太长，以免营养流失。

（3）接种　待袋料内温度降至 30℃时方可接种，接种前先按常规消毒方法将房间灭菌成为无菌室。接种时先用 75% 的酒精擦洗双手、接种工具及菌种袋，用苯酚重新喷雾消毒 1 次，有条件的可在酒精灯火焰上方接种，无条件的则尽

扫码看实作

量 2 人接种，1 人打开袋口，另 1 人迅速挖出菌种，接入袋内，即刻扎紧袋口，再接另一头。菌种块的大小一般以枣核大小为宜。同时接种量要尽量大些，以使菌丝布满两端料面，以杜绝杂菌侵染机会。

【提示】 ①一般生料栽培的食用菌品种可以发酵料栽培，发酵料栽培的食用菌品种可以熟料栽培；反之，则不能。②熟料栽培适合绝大多数食用菌的栽培，采用熟料栽培和发酵料栽培的菇潮明显。

五 发菌

1. 发菌时期

（1）萌发期 此期为 3 ~ 5 天，要保持最佳生长温度，以求迅速恢复生长。菌种在掏出掰碎时，受伤失水，若遇到高温（40℃以上）易被烧死，若遇低温则延迟生长。一般生料栽培可控制在 20℃左右，经 3 ~ 4 天，接种点四周长出整齐而浓密的菌丝，即为萌发。此时管理以黑暗、保温为主。

【提示】 生料栽培最易出现毛霉，熟料则易出现橘红色链孢霉。所以拌料、操作过程及室内消毒规范很重要。

（2）定植扩展期 也叫封面生长期，约需 10 天。当菌种萌发后，要求迅速生长占领料面，成为与杂菌竞争的优胜者。此阶段菌丝生长旺盛，代谢作用增强，分解基质产生二氧化碳多，需氧量大，管理要点以散热、通风为主。接种后 5 ~ 7 天要倒袋，床栽要揭膜，同时检查污染情况，要及时检查，及时处理。

【小窍门】>>>>

→ 通风散热最好在无风晴天进行。可预防杂菌侵入，料温不高时可免此程序。此期料温一般比袋外高 3 ~ 5℃，所以袋表面温度不可超过 25℃，一般以 20℃左右为宜，以手摸有凉感为好，有热感则不好，烫手则表明可能发生了"烧菌"现象。

（3）延伸伸长期 也叫安全生长期，菌丝长满料面后，向料内继续延伸生长，直到培养料内全部长满菌丝。温度较高，则菌丝生长速度快，菌丝细弱。为获得粗壮菌丝，此期要通风降温。接种后5～20天，料大量散热阶段已过，平菇菌丝生长旺盛，需氧量多，通风很重要，培养好的菌丝达到表面洁白浓密、整齐往前伸长，稀疏细弱的菌丝，虽然能出菇但产量不高。

（4）菌丝体成熟期 此期也叫回丝期，需4～5天。当菌丝长满全部培养料后，菌丝还要继续生长，表现为进一步浓白，尤其在延伸伸长期温度偏高，菌丝细弱时，更需要生长以便使其尽快成熟。回丝期结束后，菌丝停止生长并开始扭结形成原基。此期是菌丝阶段向子实体阶段转化的关键时期，此期管理的重点是：降低温度，增大温差；增加湿度，使空气相对湿度达85％以上；增加光照，去掉遮阴物，用光抑制菌丝生长，促使菌丝扭结。以上三个条件如果能及时满足，则能缩短成熟期，否则会延长成熟期和推迟出菇。

2. 发菌场地

菌袋移入发菌场地前，要对发菌场地进行处理，以防止杂菌污染、害虫危害。对于室外发菌场所（图3-28），在整平地面后，撒施石灰粉或喷洒石灰浆进行杀菌驱虫；对于室内（大棚）发菌场所（图3-29），则可采用气雾消毒剂、撒施石灰、喷施高效氯氰菊酯的方法杀菌、驱虫。

图3-28 室外发菌

图3-29 室内发菌

3. 发菌管理

（1）温度管理 平菇发菌期适宜菌丝生长的料温在26℃左右，

最高不超过32℃，最低不低于15℃。若料温长时间高于35℃，便会造成"烧菌"，即菌袋内菌丝因高温而被烧坏。菌袋上下左右垛间应多放几支温度计，不仅要看房内或棚内温度，而且要看菌袋垛间温度。当气温高时应倒垛，降低菌袋层数。当气温超过30℃时，菌袋最好贴地单层平铺散放，发菌

扫码看实作

场所要加强遮阴，加大通风散热的力度，必要时可在菇棚上泼洒凉水促使降温，将菌袋内部温度控制在32℃以下，严防"烧菌"现象发生。

【小窍门】>>>>

→ 若料温长时间低于15℃，则菌丝生长缓慢，会导致菌丝不能迅速长满菌袋，菌群长势弱，易受到杂菌的污染，可采用火炉升温，条件稍差时，可在棚内上方吊一层黑色塑料膜或遮阳网，天气晴好时，揭去草苫，使棚内升温，但又不能让阳光直射菌袋。

（2）湿度管理 平菇发菌湿度要求在60%～70%，若湿度过低（如春季），易导致出菇慢、现蕾少，从而影响产量，应适当加湿；初秋或夏季发菌，如果连续长时间阴雨，空气相对湿度居高不下，则应采取有力的降湿措施，方可保证发菌的顺利进行，可在棚内放置生石灰，使之吸水，并趁天气晴好时及时给予通风，以降低棚内二氧化碳浓度。

（3）光照管理 发菌期间应尽量避免光照，尤其不允许强光直射。长时间的光照刺激，可使得菌袋一旦完成发菌就会现蕾，根本无法控制出菇时间。

【注意】 接种后至整个发菌期都应进行避光管理，除进入时的观察、翻袋操作外，不得有光照进入菇棚。

（4）通风管理 菌丝生长期间需要少量的氧气，少量通风即可满足，但应注意菇棚内外的温差，当温差过大时，应予考虑具体的

91

通风时间。

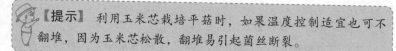

【小窍门】>>>>

夏季发菌时，尽量晚间通风，低温季节则尽量安排中午时分通风。

（5）**杂菌感染检查** 平菇正常菌丝为白色，若有其他颜色物质均为杂菌。当杂菌很少时，可用注射器将75%的酒精注射在杂菌感染部位，且用手揉搓即可；当杂菌多时，需将菌袋搬离或灭菌或土埋，防止其孢子量大时感染其他菌袋。在条件适宜的情况下，经20~30天菌袋发满，再养菌7天后就可以出菇。

（6）**翻堆检查** 结合环境调控，进行料袋翻堆和杂菌感染检查。翻堆检查时，上下内外的料袋交换位置，使培养料发菌一致，便于管理。在保证不"烧菌"的情况下，开始7天不要翻堆，最好10天后再翻堆，之后一周翻一次。

【提示】 利用玉米芯栽培平菇时，如果温度控制适宜也可不翻堆，因为玉米芯松散，翻堆易引起菌丝断裂。

4. 发菌期常见的问题及解决方法

（1）**菌丝不萌发**

1）发生原因：料变质，滋生大量杂菌；培养料含水量过高或过低；菌种老化，生命力较弱；环境温度过高或过低，加石灰过量，pH偏高。

2）解决办法：使用新鲜、无霉变的原料；使用适龄菌种（菌龄30~35天）；掌握适宜含水量，以手紧握料指缝间有水珠但不滴下为度；发菌期间棚温保持在20℃左右，料温25℃左右为宜，温度宁可稍低些，切勿过高，严防"烧菌"；培养料中勿添加抑菌剂，添加石灰应适量，尤其在气温较低时添加量不宜超过1%，pH以7~8为宜。

（2）**培养料酸臭**

1）发生原因：发菌期间遇高温未及时散热降温，细菌大量繁殖，使料发酵变酸，腐败变臭；料中水分过多，空气不足，厌氧发酵导致料腐烂发臭。

2）解决办法：将料倒出，摊开晾晒后添加适量新料再继续进行发酵，重新装袋接种；如果料已腐烂变黑，只能废弃做肥料。

（3）菌丝萎缩

1）发生原因：料袋堆垛太高，发菌温度高未及时倒垛散热，料温升高达35℃以上烧坏菌丝；料袋大，装料多；发菌场地温度过高并且通风不良；料过湿并且装得太实，透气不好，菌丝缺氧也会出现菌丝萎缩现象。

2）解决办法：改善发菌场地环境，注意通风降温；料袋堆垛发菌，气温高时，堆放2~4层，呈"井"字形交叉排放，便于散热；料袋发热期间及时倒垛散热；拌料时掌握好料水比，装袋时做到松紧适宜；装袋选用的薄膜筒宽度不应超过25cm，避免装料过多发生发酵热过高现象。

（4）袋壁布满豆渣样菌苔

1）发生原因：培养料含水量大，透气性差，引发酵母菌大量滋生，在袋膜上大量聚积，料内出现发酵酸味。

2）解决办法：用直径1cm削尖的圆木棍在料袋两头往中间扎孔2~3个，深5~8cm，以通气补氧。不久，袋内壁附着的酵母菌苔会逐渐自行消退，平菇菌丝就会继续生长。

（5）杂菌污染

1）发生原因：培养料或菌种本身带杂菌；发菌场地卫生条件差或老菇房未做彻底消毒；菇棚高温高湿不通风。

2）解决办法：选用新鲜、无霉变、经曝晒的培养料，发酵要彻底；避开高温期播种，加强通风，防止潮湿闷热；选用优质、抗霉、吃料快的菌种；杂菌污染发现早，面积小时，可用pH为10以上的石灰水注入被污染的培养料，同时将其搬离发菌场，单独发菌管理；对污染严重的则清除出场，挖坑深埋处理。

（6）发菌后期吃料缓慢，迟迟长不满袋

1）发生原因：袋两头扎口过紧，袋内空气不足，造成缺氧。

2）解决办法：解绳松动料袋扎口或刺孔通气。

（7）软袋

1）发生原因：菌种退化或老化，生命力减弱；高温伤害了菌种；添加氮源过多，料内细菌大量繁殖，抑制菌丝生长；培养料含水量大，氧气不足，影响菌丝向料内生长。

2）解决办法：使用健壮、优质的菌种；适温接种，防高温伤菌；培养料添加的氮素营养适量，切勿过量；发生软袋时，降低发菌温度，袋壁刺孔排湿透气，适当延长发菌时间，让菌丝往料内长足发透。

（8）菌丝未满袋就出菇

1）发生原因：发菌场地光线过强，低温或昼夜温差过大刺激出菇。

2）解决办法：注意避光和夜间保温，提高发菌温度，改善发菌环境。

六　出菇管理

1. 出菇方式

平菇袋式栽培一般有三种方式：立式栽培、泥墙式栽培和覆土栽培。

（1）立式栽培　平菇立式袋栽是国内广泛采用的栽培方式（图3-30），该方式能根据不同的环境条件，采用不同的方式进行立式栽培，可充分利用有效空间和争取时间，提高单位时间单位面积的总产量。

（2）泥墙式栽培　平菇泥墙式栽培是目前较受重视的栽培新技术，菇房、塑料大棚、室外简易菇棚、地沟菇房和林下空隙地均可用适当的方式进行泥墙式袋栽法。此法特点是菌墙由菌袋和肥土（或营养土）交叠堆成（图3-31），能方便地进行水分管理，扩大出菇空间，与常规栽培方法相比，产量可提高30%～100%。菇墙的建造及出菇管理如下：

1）墙土选择与处理：墙土可选用菜园土，经打碎、过筛、喷湿，使含水量达18%。也可按下述方法制备营养土：选肥沃菜园土或池塘泥，按500kg培养料用$1m^3$营养土计算，备好泥土，另加石灰粉1%～2%，磷酸二氢钾0.5%，草木灰1%～2%，调整水分备用。

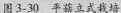

图 3-30 平菇立式栽培　　　图 3-31 平菇泥墙式栽培

2）垒墙：先将出菇场地整平，将菌袋底部塑料袋剥去，露出尾端的菌块，以尾端向内，平行排列在土埂上。袋与袋之间留 2～3cm 空隙，每排完一层菌袋，铺盖一层厚 2～4cm 肥土或营养土，在覆土上按培养料干重 0.1% 计，均匀地撒一层尿素。按上述方法，共垒 8～10 层。最上一层的顶部覆土层要厚，并在菌墙中心线上留一条浅沟，用于补充水分和施用营养液，以经常保持菌墙覆土呈湿润状态，用来平衡培养料内的水分和营养。

3）出菇管理：菌墙垒成后，每 3～5 天补充一次水分，以保持覆土湿润而无积水为度，进行常规管理。经 3～7 天出现菇蕾，一般可采 4～6 潮菇。

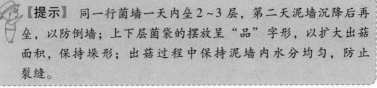

【提示】　同一行菌墙一天内垒 2～3 层，第二天泥墙沉降后再垒，以防倒墙；上下层菌袋的摆放呈"品"字形，以扩大出菇面积，保持垛形；出菇过程中保持泥墙内水分均匀，防止裂缝。

采用这项新技术，一般在垒墙 3 天后菌丝即可进入覆土层，在整个头潮菇生长过程中，菌袋与覆土中菌丝已网联成一个整体，有利于营养积累和代谢平衡。由于覆土经常保持湿润，缓解了保湿与通风的矛盾，喷水时也不会伤害菌丝，同时提高了培养料的持水能力，可延缓菌丝衰老。菌墙能扩大出菇空间，供氧充足，有利于子实体健壮生长；菌丝经覆土一直延续到地层，可获得营养补充。因此，此方法可有效地控制平菇生理性病害，降低幼菇死亡率。菇潮明显，出菇集中，商品菇比例大，能减少培养料的营养损耗；整体性好，菇丛肥大，菌丝活性增强，能延长出菇期，在上述因素的作用下，能达到明显增产的目的。

（3）覆土栽培　平菇覆土栽培长出的菇体肥大、柄短、盖厚、色泽亮丽、口感与风味俱佳，产量较立式栽培提高 50% 以上，且利于稳产，是一种不需要再投资的增产措施（图 3-32）。立式栽培 2 潮后失水较重的菌袋也可采用覆土栽培继续出菇。

图 3-32　平菇覆土栽培

1）全覆土栽培：在栽培棚内，每隔 50cm 挖宽 100～120cm、深 40cm 的畦沟，灌足底水，待水渗干后撒一层石灰粉，把菌袋全部脱去，卧排在畦内，菌袋间留 2～3cm 的缝隙，用营养土填实，上覆 3cm 左右的菜园土，然后往畦内灌水，等水渗下后用干土弥严土缝，防止缝间或底部出菇。全覆土栽培利于保湿，能及时补充菌袋的水分和养分，为菌袋的营养及生殖生长提供了一个有利的封闭小环境，但因在土层上面出菇，给采菇带来不便，喷水时极易将土溅到菇体上面。

2）半脱袋半覆土栽培：将菌袋一端保留 7～8cm 的塑料筒，其余部分脱去，保留塑料筒的一端朝上，袋间用营养土填实至高于留料筒部位，覆土的部分用于保水，采菇时较全覆土栽培要干净些。双面立埋即将菌袋从中间断开，端面朝上排放在畦沟中，其他同上。

【提示】 较长的菌棒采用立埋时，可一分为二、一分为三后进行立埋，以便菌棒营养得到充分利用；全覆土栽培只在菇潮间期进行灌水，其余时间不喷水、不灌水，这样菇体较干净。

2. 出菇环境调控

菌丝长满袋后经过一段时间，袋内出现大量黄褐色水珠，这是出菇的前兆，这时即可适时转入出菇管理阶段。出菇管理阶段即子实体形成阶段，是获得高产的关键期，环境调控主要有一拉（温差）、三增（湿、光、气）、一防（不出菇或死菇）等要点。

（1）拉大温差、刺激出菇 平菇是变温结实品种，加大温差刺激有利于出菇。利用早晚气温低时加大通风量，降低温度，拉大昼夜温差至 8～10℃，以刺激出菇。低温季节，白天注意增温保湿，夜间加强通风降温；当气温高于20℃时，可采用加强通风和喷水降温的方法，以拉大温差，刺激出菇。

（2）加强湿度调节 出菇场所要经常喷水，使空气相对湿度保持在85%～95%。料面出现菇蕾后，要特别注意喷水，向空间、地面喷雾增湿，切勿向菇蕾上直接喷水，只有当菇蕾分化出菌盖和菌柄时，方可少喷、细喷、勤喷雾状水。

（3）加强通风换气 出菇场所氧气不足，平菇菌柄变长、变粗，形成菜花状菇、大脚菇等畸形菇。低温季节通风时，一般在中午后进行，1天通1次，每次 30min 左右；气温高时，通风换气多在早、晚进行，1天通 2～3 次，每次 20～30min，切忌高湿环境不透气。

平菇

第三章

【注意】 通风换气必须缓慢进行，避免让风直接吹到菇体上，以免菇体失水过多、过快，边缘卷曲而外翻。

（4）增强光照 散射光可诱导早出菇，多出菇；黑暗则不出菇；光照不足，出菇少、柄长、盖小、色浅、畸形。一般以保持菇棚内有"三分阳七分阴"的光照强度为宜，但不能有直射光，以免晒死菇体。

【小窍门】>>>>

> 出菇棚内，应按菌袋的成熟度分开堆放，以便使出菇整齐一致，有利于同步管理。菌袋进入出菇管理时，先解开两头扎口（绞口、划口），不要撑口，以防料表面失水干燥，影响正常出菇；如果采用微孔发菌时，在菌丝长至菌袋的2/3以上时，可在袋的两头划口，以防止袋周身出菇。

3. 出菇管理

（1）原基期 当菌丝开始扭结时，就要增光（三分阳七分阴）、增湿、降温至15℃左右，拉大温差，促使原基分化形成，顺利进入桑葚期。此期如果环境潮湿、温度低而缺光照，菌丝体扭结团可无休止增大，出现像菜花样的畸形原基，对产量影响很大，预防措施为增光、通风。

（2）桑葚期 当原基菌丝团表面出现小米粒大小的半球体、色增深时，即进入桑葚期。为使大部分原基能形成菇片，应采取保湿措施，向空中喷雾，要勤喷、少喷，不能把水直接喷向料面，主要是增加空气相对湿度。

（3）珊瑚期 半球体菇蕾继续伸长，此时为菇柄形成时期，菇柄常视品种而不同，一般是丛生形长，覆瓦形短，但管理不善，会出现长柄、粗脚等畸形菇。此期管理主要是通风、增光、保湿。

【注意】 珊瑚期以前严禁向子实体直接喷水，尤其是冬天，否则易造成死菇；必须喷水时，要把喷头朝上，使水呈雾状自由落下。

（4）成形期 主要是菇盖生长，此期是平菇子实体发育最旺盛的时期，要求温度适宜，增加湿度，空气相对湿度连续保持在85%~90%，湿度不能忽高忽低。成形期如果出现菇片翻长、菇上长菇、菇片干黄、死菇、烂菇现象，多为空气过干、过湿或风吹造成，因此要因地制宜管理。

（5）初熟期 一般从菇蕾出现到初熟期需5~8天，条件适宜时为 2 ~ 3 天，此时菇体组织紧密。质地细嫩，菇片发亮，重量最大，蛋白质含量最高，是最佳采收时期。此期是平菇子实体需水量最大时期。

（6）**成熟期**　商品菇一般在初熟期采收，如果采收不及时，有大量孢子散发，进菇房前，要先打开门窗，再喷水排气，促使孢子随水降落或排出。

【提示】　采收前最好先用喷水带喷雾 1 ~ 2min 或采收时戴口罩，一旦发生由孢子引起的咳嗽、发热等过敏病症，可服用扑尔敏（氯苯那敏）、息斯敏（阿司咪唑）等药物治疗。

4. 采收及转潮

当菇盖充分展开，颜色由深逐渐变浅，下凹部分白色，毛状物开始出现，孢子尚未弹射时，即可采收。采收前一天可喷一次水，以提高菇房内的空气相对湿度，使菌盖保持新鲜、干净，不易开裂。但喷水量不宜过大，尤其是不能向已采下的子实体喷水或泡水，以防发生菇体腐烂现象。

【提示】　采收时因平菇是丛生菇，要防止将培养料带起，采摘时转动或左右摇摆菇体，即可采下。平菇质脆易断裂，采摘时要注意保护菇体完整，高温时，菌盖薄，边缘易上卷；低温时，菌盖厚，质更脆，采摘时，均要手捏菌柄转动采摘。

【小窍门】>>>>

　　平菇菌盖质脆易裂，采收后要轻拿轻放，并尽量减少转移次数，采收下来的菇体要放入干净、光滑的容器内，以免造成菇体损伤。菇体表面最好盖一层湿布，以保持菇体的水分。

采收后，平菇处于转潮期，这时要清除菌袋上残留的菇根、死菇、烂菇，并停止喷水 2 ~ 3 天，适当提高温度至 22 ~ 25℃，使菌丝休养生息，为下潮菇打好营养基础。温度过高要及时降温。

5. 出菇阶段的常见问题及分析

（1）不出菇原因 平菇栽培过程中，发菌成熟的菌袋（菇床）迟迟不出菇，或采过 1~2 潮菇的菌袋（菇床）不再正常出菇的现象较为常见，其原因有以下几种：

1）料温偏高：菌丝培养成熟的菇床，若无较低温度的影响，其料温下降的速度很慢。若料温高于出菇温度范围，则原基不易发生，这种现象在秋栽的低温型品种中最为常见。

2）环境不适：菇床所处环境温度，高于或低于所栽品种的出菇温度范围，都会产生不出菇或转潮后不再正常出菇的现象。前者春、夏、秋季均会发生，后者多出现在冬季低温季节。

3）积温不足：在低温下栽培时，菌丝长期处于缓慢生长状态，虽然发菌时间较长，但由于有效积温不足，菌丝生理成熟度不够，而迟迟不能出菇。

4）水分不足：发菌期由于揭膜次数过多，覆盖不严或土壤吸湿等，会造成培养料含水量下降，或菇床表面失水偏干；此外，产菇期菇体大量消耗培养料的水分后，如果菇床水分补充过少，也会造成不出菇或转潮后不能正常出菇的现象。

5）菌丝徒长：培养料含水量过高，菇床表面湿度饱和，干湿差变化小，会造成菌丝徒长，在菇床表面形成厚厚的菌皮。

6）病虫害影响：杂菌污染菌袋后，不但与平菇菌丝争夺养分，而且能分泌有害物质，抑制平菇菌丝的正常生长；害虫侵入菌袋后，则大量咬食平菇菌丝，并使平菇菌丝断裂失水死亡。病虫危害重的菌袋，平菇菌丝的正常生理代谢和物质转换受到破坏，进而造成不出菇。这种现象在整个产菇期内均可发生。

7）通风不良：菇床通风不良，供氧差，袋内二氧化碳浓度过高，光线太弱，均不利于出菇，这种现象在地下菇场较为常见。

（2）死菇原因及防治措施

1）培养料含水量不适：平菇生长发育需水较多，对空气相对湿度要求也较高，不同季节、不同时期需水量不同。平菇子实体内水分大部分来自培养料，若培养料水分不足，营养供给发生困难，则子实体生长不粗壮，菌片薄、弹性小，会使幼小菇蕾失水死亡。

① 培养料含水量适当提高。由于冬季气温低，用于栽培平菇的培养料含水量可适当提高至65%，标准是用手抓紧拌料均匀后的培养料，以水能滴下但不成线为度。

② 采用适当的出菇方式。平菇在原基期和出菇期间应采用剪袋口或解口但不撑开的出菇方式，否则袋口会因失水过多而出菇过少或死菇。

2）用种不当：菌种过老，用种量过大，在菌丝尚未长满或长透培养料时在菌种部位会出现大量幼蕾，因培养料内菌丝尚未达到生理成熟，长成幼菇时得不到养分供应而萎缩死亡。

栽培中尽量选用长满菌袋10天左右菌龄的菌种，此时菌种回丝期已过，生命力最为旺盛。冬季采用大袋栽培平菇的用种量一般为10%~12%（4层菌种3层料），采用中袋栽培两头接种时用种量一般为8%~10%；夏季菌种用量可加大至15%。

3）非定点出菇：目前栽培平菇一般采用4层菌种3层料的大袋栽培（25cm×55cm），发菌一般采用在菌种层微孔发菌的方式。采用大袋栽培的原基分化期会在微孔处形成菇蕾，但大部分死亡，即使不死亡其商品性也很低。

① 选用两头打透眼的方式发菌。用25cm×55cm规格大袋栽培平菇时，装袋、播种、扎口后采用大拇指粗、顶端尖的木棍从袋的一头捅至另一头（避开扎口部位）进行发菌，出菇时菇蕾大都集中在透眼处并且菇柄短。也可采用两头接种的17cm×45cm规格的中袋栽培。

② 菌袋两端划口。采用大袋微孔发菌时，在平菇菌丝封住菌袋两端并生长4~5cm时，可在菌袋两端的袋面上用小刀划几个小口，菌丝很快便会封住划口。这种做法一来可以促进菌丝的生长，二来出菇时首先在划口处形成菇蕾（可不解口出菇），进而有效防止菌袋周身出菇。

4）装袋不紧：冬季栽培平菇，菇农一般采用生料或发酵料栽培，装袋不紧，加上翻堆检查对栽培袋的触动，造成菌袋和培养料局部分离。在平菇子实体生长期分离的部位长出菇蕾，但由于不是定点出菇部位，氧气不足，造成菇蕾死亡。

【提示】 平菇装袋时要求培养料外紧内松，光滑、饱满、充实，不可出现褶皱或者疙瘩，否则发菌不良，出菇时也会在褶皱处出现菇蕾，消耗养分、感染杂菌。

5）菇蕾过密：冷暖交替季节的温度很适合平菇子实体原基形成期的要求，温差长期适宜形成过多的菇蕾，使培养料养分供应分散，不能集结利用。其症状为子实体紧密丛生，成堆集结，不能发育成商品菇。

因菇蕾过密而发生死菇的可采取以下措施防治：选用低温对子实体形成相对不敏感的品种；加强平菇生长期的温、湿度管理，防止温度周期性波动，尤其是秋、冬冷暖交替变化季节。发病初期提高管理温度，或打重水，控制病害发展。

6）冬季喷水过勤、通气不良：冬季菇农在平菇出菇期喷水过勤并注重保持菇房温度，喷水后环境过于密闭，尤其是喷"关门水"导致菇蕾、幼菇长时间处于低温、高湿、高二氧化碳浓度的环境下，影响菇体的正常蒸腾作用，致使菇蕾、幼菇水肿死亡。其显著特点是先出现部分菇体畸形，进而发黄死亡。

【小窍门】>>>>

冬季由于气温低，菇体蒸腾作用小而需水少，可在出菇期采用隔行向地面灌水的方式增加空气相对湿度。必须喷水时，要在喷水后及时通风至菇体上的水膜消失。

7）农药危害：原基发生前，菌床上或菇场内喷洒了平菇极为敏感的敌敌畏等农药，或菇场中含有浓度过高的农药气味，造成子实体死亡或呈不规则的团块组织。其症状是菌盖停止生长，边缘部分产生一条蓝中带黑色的边，向上翻卷。

出菇期不允许使用农药，转潮期间可采用1:500倍多菌灵进行杀菌，采用高效氯氰菊酯烟剂防治害虫。但要避免长菇环境残留农药气味，一般用药后16h进行通风、降湿干燥处理，提高菌袋的透气性，延缓转潮菇的发生速度。

（3）畸形菇

1）花菜形畸形：在菇柄的顶部长出多个较小的菌柄，并可继续分叉，无菌盖或者极小（图3-33）。此症状是由于二氧化碳浓度过高和光线太弱造成的。防治方法是子实体原基形成后，每天通风2次以上，改善光照条件。

2）粗柄状畸形：平菇菌柄粗长呈水肿状，菌盖畸形，很小或没有（图3-34）。这是平菇子实体分化期遇高温、光照偏强和二氧化碳浓度过高，物质代谢受干扰，引起菌柄疯长所致，应通风降温，改善光照条件。

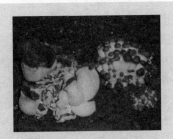

图3-33　花菜形畸形　　　　　　图3-34　粗柄状畸形

3）高脚菇：菌盖小，分化较差，菇柄较长。发生的原因是在原基形成并分化期，由于菇房缺氧，光照不足，同时温度偏高，影响了菌盖的正常分化和发育。防治方法是加强通风，调节光照和温度。

4）形状不规则：平菇原基形成后，不分化形成菌柄和菌盖，而长成不规则的菌块，后期菌盖扭曲开裂并露出菌肉。这是由敌敌畏、速灭杀丁等农药用量过多所致，应少用或不用农药。

5）瘤盖菇：菌盖表现主要是边缘有许多颗粒状凸起、色浅、菇盖僵硬，生长迟缓。严重时菇盖分化较差，形状不规则。原因是菇体发育温度过低，持续时间较长，致使内外层细胞生长失调。防治方法是调节菇房温度，在平菇生长最低温界限以上，并有一定温差，促进菇体生长、发育、分化。

6）萎缩菇：菇体初期正常，在膨大期即泛黄或干缩状，而停止生长，最后变软腐烂（彩图7）。干缩状是因为空气相对湿度较小，通风过强，风直接吹在菇体上，使平菇失水而死亡；或者培养基营养失调，形成大量原基后，有部分迅速生长，其余由于营养供应不足而停止生长。

7）蓝色菇：菌盖边缘产生蓝色的晕圈，有的菇体表面全部为蓝色覆盖（彩图8），其原因是菇房内采用煤灶加温，或者菇房紧靠厨房，由于煤炭燃烧时产生二氧化硫、一氧化碳等毒害气体，加上通风换气较差，造成菇体中毒，进而发生变色反应。冬季菇场增温措施宜采用太阳能、暖气、电热等方法，如果采用煤火、柴火等方法加温，应设置封闭式传热的烟火管道，防止二氧化硫等有毒气体进入菇房。

8）水肿菇：平菇现蕾后菌柄变粗变长，菇盖小而软，逐渐发亮或发黄，最后水肿腐烂。发生原因是湿度过大或有较多的水直接喷在幼小菇体上，使菇组织吸水，影响呼吸及代谢。出菇期应加强通风，增加菇体温差刺激；菇蕾期尽量避免直接向菇体喷水，采取向地面和墙壁喷水的方式，以保持菇房空气相对湿度。

9）光杆菇：平菇菌柄细长，菌盖极小或无菌盖，发生原因是由出菇期间低温引起的。平菇菌盖形成要求的温度较高，当菌柄在较低温度下伸长到一定高度时，气温仍在0℃左右，并维持较长时间不回升，菌柄表面有冰冻现象，虽然不死亡，但菌盖不能分化。在子实体生长发育阶段，如果遇0℃左右气温，要采取增温保暖措施，提高菇房温度。

（4）平菇孢子过敏症 据调查，在我国北方长期栽培平菇的菇农在不同程度上患有支气管炎或咽炎，发生疲劳、头痛、咳嗽、胸闷气喘、多痰等现象，严重者会出现发热、喉部红肿甚至咯血等类似重感冒症状，反应迟钝、肢体和关节疼痛，如果不及时处理会加重病情。这种由平菇孢子引发的现象在医学上称为"超敏反映"，菇农称为"蘑菇病"。现将该病的防治方法介绍如下：

1）适时采收：为使上市的鲜菇有较高的品质，要及时采收。当菌盖刚趋平展，颜色稍变浅，边缘初显波浪状，菌柄中实，手握有弹性，孢子刚进入弹射阶段，子实体八九成熟时应及时采收，这有利于提高产量和促进转潮。

2）加强通风换气：在采收前，先打开门窗通风换气 10～20min，使菇房内大量孢子排出菇房。

3）提高菇房湿度：出菇阶段要保持菇房内足够的湿度，既有利于平菇的生长，又能防止孢子的四处散发。采收前用喷雾器喷水降尘，可大大减少空气中孢子的悬浮量。

4）戴防尘面具：采收前，可戴口罩进行操作。

5）治蘑菇肺验方：

【处方】人参 6g（或党参 18g），麦冬、石膏、甘草各 12g，阿胶、灸枇杷叶、杏仁、炒胡麻、桑叶各 9g。

【用法】每天 1 剂，水煎服，连服 10 天为一疗程。服 2 个疗程后观察疗效。

【疗效】蘑菇肺患者有种植蘑菇职业史，当患者出现以咳嗽、气喘为主的临床症状，体检听诊两肺底有少许湿啰音，X 线主要表现为肺纹理粗乱增多，中下肺叶点状阴影，实验室检查排除了呼吸道其他疾患，即可诊断为蘑菇肺。

——第四章——
姬 菇

姬菇（白黄侧耳）又名小平菇、小侧耳、角状侧耳等，属担子菌亚门、侧耳科。姬菇营养丰富，富含蛋白质、糖分、脂肪、维生素和铁、钙等，其中蛋白质含量高于一般蔬菜，含有人体8种必需氨基酸。姬菇菌肉肥嫩，味鲜爽口，还具有保健功效，是平菇家族中最受消费者青睐的品种之一。

姬菇适应性广、抗逆性强、栽培方法简便、投资少、见效快、收益高。不仅适合农户家庭种植，又易于进行规模化生产，目前采用空调设施的姬菇周年栽培技术几乎全年都可生产出质量一致的姬菇，具有广阔的国内外市场。

第一节 生物学特性

一 形态特征

姬菇子实体覆瓦状丛生，叠生，中等至稍大。菌盖宽4～12cm，初扁半球形，伸展后基部下凹，半圆形、扇形至漏斗形，暗褐色至赭色，后逐渐变灰黄色、灰白色至近似白色，光滑，罕有白色绒毛。边缘波状，往往开裂。菌肉白色，稍厚，致密，近谷粉至味精味。菌褶延生，稍稀，宽，有脉络相连，往往在柄上形成隆纹，白色。菌柄侧生或偏生，肉质嫩滑可口（彩图9）。

二 生态习性

姬菇夏秋生于栎属、山毛榉属等阔叶树的枯干、倒木、伐桩上。产于河北、山西、吉林、黑龙江、江苏、浙江、安徽、江西、山东、河南、四川、云南、陕西、新疆等省区，以及亚洲其他国家、欧洲和北美洲。

三 生长发育条件

1. 营养条件

姬菇为木腐菌，可广泛利用棉籽壳、玉米芯、木屑、酒糟、糠醛渣等工农业副产品作为碳源，以麦麸、米糠、玉米粉等作为氮源，其培养料配方要求比一般平菇含更多的碳水化合物及淀粉类物质。碳氮比以（20~30）:1 较为适宜，最适碳氮比为 20:1。

2. 环境条件

(1) 温度 姬菇为中温偏低型、变温结实型菌类。菌丝生长温度为 5~30℃，适宜温度为 20~27℃，以 22~24℃ 最为适宜；子实体生长温度为 8~20℃，因菌株而异，偏高温品种为 14~22℃，中温品种为 12~16℃，低温品种为 8~14℃。

(2) 水分 菌丝生长阶段，培养料含水量以 65% 为宜，空气相对湿度保持在 65%~70%。子实体生长阶段，空气相对湿度要提高到 85%~90%，空气相对湿度低，子实体发育慢、瘦小；空气相对湿度超过 95%，会导致病害发生或招致杂菌污染。

(3) 空气 菌丝生长需要一定的氧气，随着菌丝生长量的增加，需氧量也随之增大，因此在发菌期要注意通风换气。原基形成期和珊瑚期需氧量大，要加强通风，保持空气新鲜；当子实体进入伸长期后，需保持一定浓度的二氧化碳，以促进菌柄的伸长，限制菌盖扩张，但仍需保持室内空气流通。若二氧化碳含量超过 0.4%，则易形成菌柄过度伸长、菌盖小或形成"大肚形"菌柄的畸形菇。

（4）光线　菌丝生长阶段不需要光线，光线对菌丝生长有抑制作用。子实体分化需要一定散射光，光照强度为 100 ~ 500lx；子实体生长发育则要减弱光照强度，以 50 ~ 100lx 为宜，对控制菌盖生长有利。

（5）酸碱度　菌丝在 pH 为 4.5 ~ 8.0 范围内均能生长，以 pH 为 6.5 左右生长最好。在酸性培养基上（pH 小于 6）难以形成原基，在 pH 为 6 ~ 8 时形成原基无明显差别。

第二节　姬菇高效栽培技术

目前市场上对姬菇的标准要求很严，一级姬菇的菇盖直径要小于 2cm，因此在子实体刚刚形成而未进入快速生长期之前就要采收。根据此标准，要采取相应能提高产量保证的技术措施。构成姬菇高产的直接因素，是出菇潮数和每潮菇的产量，而影响潮数的因素，是营养组成和环境条件；构成每潮菇高产的因素是原基数与成菇率，菇盖厚度及菇体的整齐度。因此，姬菇的栽培无论是品种的选择、原料配方、生产环境、设施条件及管理方法等，都有它的特殊性。

一　栽培季节

姬菇出菇的适宜温度为 8 ~ 20℃。自然条件下，一般 9 ~ 11 月为制袋适期，10 月中下旬 ~ 第二年 3 月为采收适期。有条件的可利用带有空调的设施进行周年生产。

二　参考配方

配方一：棉籽壳 86%，麸皮或米糠 16%，石膏 1%，石灰 3%。

配方二：稻（麦）草粉 80%，麸皮 10%，玉米粉 6%，石膏 1%，石灰 3%。

配方三：稻（麦）草粉 46%，棉籽壳 30%，麸皮 10%，糠

10%，石膏1%，石灰3%。

配方四：玉米芯40%，稻（麦）草粉40%，麸皮或米糠16%，石膏1%，石灰3%。

配方五：稻（麦）草粉30%，杂木屑25%，玉米芯25%，麸皮或米糠10%，玉米粉6%，石膏1%，石灰3%。

三 菌袋制作

1. 培养料处理

天然物质如枝条、作物秸秆等应切段，碾压或粉碎；质地坚硬或被有蜡质的材料要用1%～2%的石灰水浸泡软化；为提高培养料的利用率及有效杀灭病菌和虫害，可进行3～7天的堆制发酵处理，发酵方法详见平菇。

2. 培养料配制

根据本地原料来源情况选择适宜配方，先干料混匀，再加水充分搅拌均匀。料水比（质量比）为1:（1.2～1.4），已预湿的培养料待其他原料拌匀后再混入一同搅匀。石灰先溶于水后取上清液加入，使pH为9～10。采用短期堆制发酵的培养料，其间翻堆1次。

3. 装袋灭菌

（1）菌袋材料与规格 常压灭菌用高密度低压聚乙烯或聚丙烯塑料袋，高压灭菌应用聚丙烯塑料袋。规格为（20～23）cm×（42～45）cm×（0.025～0.03）cm。

（2）装袋方法 装入袋中的培养料要松紧适度、均匀一致。装好料后，袋口用绳子扎好或者两端套塑料颈环，用橡皮筋固定，再用塑料薄膜或纸封口。

（3）灭菌 装锅时，菌袋堆码应注意在袋间、锅膛周边及锅顶预留间隙。当天装料，当天灭菌。高压灭菌排尽锅内冷空气后，当温度升到121℃时，保持2～3h；常压灭菌在100℃保持8～10h，再闷5～6h出锅。

4. 接种

（1）接种室的消毒 先用漂白粉溶液或石灰水彻底清洁室内门窗、地板、天花板、墙壁和工作台。待灭菌的料袋温度冷却到35～

40℃时，放入接种室，关闭门窗，用气雾消毒剂熏蒸2～3h，再将紫外线灯或臭氧杀菌机开启30min。

（2）接种方法 手和种瓶（袋）外壁用75%酒精擦洗消毒；用经火焰灭菌后的接种工具去掉表层及上层老化、失水菌种，按无菌操作将栽培种接入栽培袋，适当压实，迅速封好袋口。用种量为一瓶栽培种（750mL）接10～12袋，或一袋（22cm×42cm）栽培种接35～45袋。

5. 培养

接种后的菌袋及时运入已消毒的培养室内，菌袋间温度控制在20～28℃。培养室应加强通风，保持空气新鲜，空气相对湿度控制在60%～70%，遮光培养。

四 出菇管理

菌丝长满袋后，在发菌室再置7～10天，达到生理成熟时，即可移入出菇室，上堆出菇（墙式出菇）。

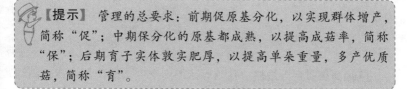

【提示】 管理的总要求：前期促原基分化，以实现群体增产，简称"促"；中期保分化的原基都成熟，以提高成菇率，简称"保"；后期育子实体敦实肥厚，以提高单朵重量，多产优质菇，简称"育"。

（1）促 前期促进姬菇原基分化形成，创造适宜的环境条件。具体做法：环境温度降至8～12℃，反季节现代化厂房栽培，可利用空调进行降温。同时向袋口喷雾状水，保持料面湿度，适当减少通风量，增加散射光线。连续5～7天，即可长出大量原基。

（2）保 姬菇在菇蕾形成期，对环境条件的适应性较差。若空气相对湿度在短时间内低于75%，菇蕾容易干死，若遇强风吹袭也会发黄萎缩。这样会造成菇蕾死亡，成菇率低。所以，在这个阶段内栽培场所要尽量减少温、湿度差，气温要控制在12～17℃，空气相对湿度稳定在85%～90%，每天喷水3～5次，还要注意不要让冷空气直接吹袭到菇蕾。总之，要稳定环境条件，避免菇蕾萎缩死亡，提高成菇率。

【注意】 此期较大的温湿差、冷热强风等因素都会影响菇蕾的形成和生长。

(3) 育 当菇蕾长到1.5cm时对环境的适应性开始增强,这时气温可在5~20℃间波动,空气相对湿度可在75%~95%之间波动,在此范围内温、湿度波动越大,子实体长得越肥壮。这样人为制造的交替温、湿差,创造仿自然生态环境,可大大提高单朵重量和商品价值。为了使菇柄生长,可减少空气通入量,提高室内 CO_2 浓度。在此阶段,还要根据市场要求,适当调节二氧化碳浓度和散射光强度,来控制菇子实体的形状和菌盖颜色。

【注意】 此期菇盖的直径控制至关重要,因为常规平菇的食用部位是菇盖,以盖大、柄短为宜;而姬菇则恰恰相反。所以,管理上应做大调整,通过提高二氧化碳浓度和降低光照强度来控制菇盖的生长,促进菇柄的生长。

五 采收

1. 采收标准

当菇柄长达5~7cm,菇盖径达2~3cm时要及时分批采收,力争提高等级菇的产量。

2. 采收技术

握住菇体菌柄基部,扭下整丛菇体,放入筐内,避免损伤。盛装容器最好采用浅筐单层摆放,以免菇体堆叠挤压造成破裂而影响品质。采好的成品菇,要马上放入冷库预冷,然后再分级包装、出售(图4-1)。

图4-1 待售的姬菇产品

六 分级、包装

将丛生或联体的菇掰成单个,在距离菌盖4cm处剪去菌柄基部,

第四章 姬菇

再将连接的菇体分成单个，并去掉菇体上的小菇。盛装器具应清洁卫生，避免二次污染。采用纸箱包装时，应根据客户要求进行分级加工。

【提示】 目前我国生产的姬菇主要是外销出口，对质量标准有很严格的要求。一级菇的菌盖直径要小于2cm，因此菌盖长到0.8~2cm就必须及时采收，争取提高一级菇的产量。

七　转潮管理

采收一潮菇后，清除残余菇脚，停水养菌3~4天，待菌丝发白，再喷重水增湿、降温、增光、促蕾，再按前述方法进行出菇管理，一般管理得当可采收5~6潮菇。

第三节　姬菇工厂化周年生产

姬菇工厂化生产是采用空调设施进行周年生产，一年中除最热的夏季外，几乎整年都可生产出质量一致的姬菇，目前日本、韩国采用工厂化瓶栽姬菇进行周年生产（图4-2）。

图4-2　姬菇的工厂化生产

一　培养料选择

1. 木屑

以榆树、桦树、椴树、杨树及山毛榉等阔叶树的木屑为宜。

2. 米糠

采用新鲜的米糠，而平菇栽培适用的麦麸会导致姬菇畸形，不宜采用。

3. 砻糠

在姬菇栽培过程中，若米糠加量过少，则子实体的二次发生不良；若添加过量的细粒米糠，会影响到培养基的透气性，导致菌丝还未全部长满菌袋就提前出菇。因此，在采用细粒木屑的同时要添加适量的砻糠。

二 培养基配制

按木屑与米糠 3:1 的比例备料。将木屑或加有 25% 砻糠的木屑加入搅拌机内摊平，将米糠过筛，铺在木屑上面。在加水之前，搅拌 30min，使其充分混合，加水之后再搅拌 30min，培养基含水量为 65%。

三 装瓶

栽培姬菇的聚丙烯瓶以 800mL 容量的为宜，容积不宜超过 1000mL。因为栽培瓶过大装料多，以致通气不良。姬菇有一个不同于其他侧耳的特性，即在通气不良时，未充分发菌就会提前出菇，在这种情况下发生的子实体是从棉塞的缝隙中长出的，因此形态不良，颜色灰白，没有商品价值。

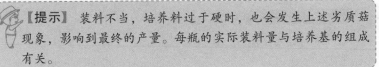

【提示】 装料不当，培养料过于硬时，也会发生上述劣质菇现象，影响到最终的产量。每瓶的实际装料量与培养基的组成有关。

四 灭菌、接种

装瓶后送入高压或常压灭菌锅进行灭菌。高压灭菌在 0.15MPa、126℃条件下灭菌 1.5~2h；常压灭菌在 100℃条件下灭菌 8~10h，闷一夜出锅。

自然冷却后，送入无菌接种室接种，接种量要大，要求将培养料表面全部用菌种盖满。

五 菌丝培养

在周年生产的培养室内，保持室温22~23℃，空气相对湿度60%~70%，每1000瓶（800mL/瓶）每小时换气140m³。在上述条件下维持16~18天，直到菌丝在培养料内完全长满。夏季栽培可在塑料大棚或通风良好的室内发菌，环境温度保持在18℃以上，不要超过26℃。如果采用聚丙烯薄膜封口，可采用集装箱式堆积培养（图4-3）；如果采用纸塞封口，则不宜用大棚培养，以免因通气不良而延缓菌丝蔓延。

图4-3　工厂化生产菌丝培养

六 催蕾管理

将上述充分发菌的栽培瓶（不经搔菌作业）移到发菌室中，室温保持在22~25℃，空气相对湿度85%~90%，光照强度200lx以上，换气量为每万瓶每小时160m³，瓶口用5mm厚的塑料薄膜覆盖，每天将薄膜轻轻揭开洒水一次。在上述条件下，经3~4天培养即可形成子实体原基。

七 出菇管理

当原基发育成菇蕾开始出现菌盖后，将栽培瓶移到出菇室进行出菇管理。室温保持在17~18℃，空气相对湿度80%~90%，换气量为每万瓶每小时320m³，光照强度200lx以上。在上述条件下，经培养3~4天即可采收。菌盖最大直径可达20~25mm，每瓶头潮菇产量约为80g。

如果在自然栽培中，室温应尽量保持在22~28℃，原基形成后揭去瓶口的薄膜，经2~3天后即可采收子实体。由于姬菇生长较快，每天应采收2~3次。

八 转潮菇的管理

　　头潮菇采收完毕后，应进行搔菌，再从瓶口灌水，3h 后将栽培瓶移到发菌室中，与头潮菇相同管理。经 6～8 天可形成原基，再转入出菇室中。约 4 天后即可采收，每瓶约为 40g。二潮菇采收完毕后结束生产。

第四章

姬菇

——第五章——
鲍 鱼 菇

鲍鱼菇（盖囊侧耳）又称黑鲍菇、蚝菇、台湾平菇、鲍鱼侧耳、高温平菇等，属担子菌亚门、伞菌纲、伞菌目、侧耳科。它肉质肥厚，菌杆粗壮，脆嫩可口，风味独特，营养丰富，是侧耳属高温型种，适于春末夏初和夏末秋初季节栽培出菇，正好有利于调剂高温季节的鲜菇市场。由于鲍鱼菇的风味好、耐储藏，是实现食用菌周年生产的理想接茬品种，具有较高的经济价值和广阔的开发前景。

第一节　生物学特性

一　形态特征

鲍鱼菇的双核菌丝在培养基上会产生分生孢子梗束，顶部近球形、黑色。子实体中等至大型，单生或群生，菇盖扇形或半圆形，直径5~20cm，中央稍凹，暗灰色至污褐色，表面有刚毛状囊状体。菌柄偏生，内实，质地致密，长5~8cm，粗1~3cm，白色或浅灰白色（彩图10）。菌褶间距稍宽，延生，有许多脉络，褶缘有时呈明显的灰黑色，褶片下缘与柄交接处形成黑色圈。

二　生态习性

鲍鱼菇在春至秋生于榕树、刺楸、番石榴、凤凰木及悬铃木等阔叶树的枯干或死亡部位。其子实体由白梗黑头的孢梗束发育而成。

其分布于福建、台湾、浙江等地，以及欧洲和北美洲。

三　生长发育条件

1. 营养条件

鲍鱼菇是一种木腐菌，但分解木质素、纤维素、半纤维素的能力比一般平菇弱。在 PDA 培养基上，菌丝爬壁性较好，但菌丝生长缓慢，常有墨汁状分生孢子梗束形成，多数能分泌色素。若添加适量维生素 B_1 或维生素 B_2，则菌丝生长速度加快，且菌丝浓密、旺盛。可见鲍鱼菇是维生素 B_1 和维生素 B_2 缺陷型食用菌。菌丝体能利用葡萄糖、蔗糖为碳源，利用蛋白胨、酵母膏为氮源。人工栽培，常用木屑、棉籽壳、玉米芯、蔗渣、稻草、麦秆等为主料，用麸皮、玉米粉、碳酸钙、磷酸二氢钾等为辅料。

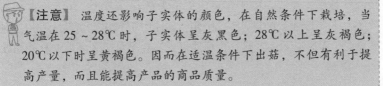

【提示】 鲍鱼菇可利用甘蔗渣作为栽培原料，特别是已提取过木糖、酒精的细蔗渣作为栽培主料，对甘蔗渣的综合利用具有很大意义，是广大蔗区进行综合开发的一条新途径。

2. 环境条件

(1) 温度　鲍鱼菇属中高温菌类，菌丝生长范围为 $10 \sim 35\,℃$，生长适宜温度为 $20 \sim 32\,℃$，最适为 $25 \sim 28\,℃$；子实体生长发育的温度为 $20 \sim 32\,℃$，适宜温度为 $25 \sim 30\,℃$，最适为 $26 \sim 28\,℃$，低于 $20\,℃$和高于 $35\,℃$子实体不发生。

【注意】 温度还影响子实体的颜色，在自然条件下栽培，当气温在 $25 \sim 28\,℃$ 时，子实体呈灰黑色；$28\,℃$以上呈灰褐色；$20\,℃$以下时呈黄褐色。因而在适温条件下出菇，不但有利于提高产量，而且能提高产品的商品质量。

(2) 水分　鲍鱼菇为喜湿性菌类，抗干旱能力弱，培养基含水量以 $65\% \sim 70\%$ 为宜，培养室空气相对湿度以 60% 为宜；子实体生长期空气相对湿度以 $85\% \sim 90\%$ 为宜。

【注意】 由于鲍鱼菇在夏季栽培，自然温度高，水分蒸发快，因而在配料过程中，培养基含水量应控制在70%左右，在灭菌过程散失4%左右，袋（瓶）口蒸发3%左右，实际含水量约为63%。发菌期间，培养室的相对湿度可掌握在60%~65%，过低会加快培养料水分的蒸发，对发菌不利；过高则会导致杂菌污染。

（3）光线 菌丝体生长不需要光，但子实体生长需要一定的散射光，光照强度在40lx左右，菌盖色泽较深，甚至接近黑色；在黑暗条件下，子实体发育速度慢，且易形成柄细长的畸形菇。

（4）空气 菌丝体生长阶段，一般培养室内的氧气含量可以满足需要；子实体分化和生长阶段，则需要充足的氧气，如果通风不良，则易产生柄长盖小或菌盖中央深凹、具有疣突的畸形菇。

（5）酸碱度 菌丝体在 pH 为 4.1~8.0 范围内均能生长，适宜 pH 为 5.2~8.0，以 pH 为 6.2~7.5 最适宜。

第二节　鲍鱼菇高效栽培技术

鲍鱼菇可用袋栽、瓶栽或脱袋覆土床栽等栽培方法，在生产实践中多采用袋栽法，其管理比较方便。

一　栽培季节

鲍鱼菇是一种中高温型菇类，子实体发生发育温度范围较广，在 20~30℃ 条件下能正常生长发育。在自然温度下可进行春夏、夏秋两季栽培，夏秋栽培比春夏栽培更为适宜。因此，华北地区一般于 3 月下旬接种栽培袋，5 月中旬~6 月中下旬出菇；7 月下旬接种栽培袋，9 月中下旬出菇。若管理得当，春季可出 2 潮菇，秋季可出 2~3 潮菇。

【提示】 鲍鱼菇母种培养时间为 12~15 天，原种培养时间为 35~40 天，栽培种培养时间约为 30 天，栽培袋接种后菌丝约 30 天可长满，可按此制订生产计划。

二 栽培场地

鲍鱼菇通常采用菇房层架式袋栽。菇房要设通风窗，要求环境洁净，保温保湿性能好，菇房的朝向以坐北朝南为好。室内设多层床架，每平方米可排放 80 袋，菇房的有效利用面积为 60%。

【提示】 鲍鱼菇虽然属高温型菇类，但夏季阳光照射强烈，会使菇房内温度升高，超出鲍鱼菇适宜温度，对出菇不利，菇房坐北朝南便于避阳和通风。

三 培养料及配方

配方一：木屑 74%，麸皮 24%，糖和碳酸钙各 1%。

配方二：木屑 73%，麸皮 20%，玉米面 5%，碳酸钙 1%，糖 1%。

配方三：稻草（切段）39%，杂木屑 39%，麸皮 20%，碳酸钙 1%，糖 1%。

四 装袋灭菌

采用常规拌料，栽培袋规格为 33cm×20cm×0.05cm 或 33cm×17cm×0.05cm 聚乙烯塑料袋，每袋可装干料 400～500g。装袋时装紧压实料面，用锥形木棒在料中间打孔至近袋底，用塑料颈环（绳）封口。100℃条件下常压灭菌 10～12h，用灶内余火闷一夜。

【提示】 装袋时也可在袋内留一根接种棒（图 5-1），接种时抽出，其优点是形成的接种孔不易消失。

五 接种培养

灭菌后将料袋趁热搬入接种室内，自然降温。待料温降至 30℃ 时，按无菌操作要求进行接种，要适当加大接种量，每瓶（袋）接种 20～25 袋。

接种后将菌袋排放在菇房层架上进行培养，菌袋堆放的高度和密度根据当时气

图 5-1 接种棒

温来决定。接种后 2~3 天菌种萌发开始吃料。菌丝培养期间，室温控制在 25~28℃、空气相对湿度在 65% 左右，保持黑暗或弱光照，每天通风 1~2 次，每次 30min。一般经过 25~30 天菌丝可长到袋底。当菌丝达到生理成熟后，进行出菇管理。

【提示】 发菌期间要经常进行检查，发现污染的菌袋，要及时进行处理。

六 出菇管理

1. 开袋出菇方式

鲍鱼菇开袋出菇的方式与平菇、榆黄蘑等出菇方式不同，如果在袋壁开出菇口，会在开口处形成柱状分生孢子梗束和含分生孢子的液滴；若脱袋出菇，会使整个菌棒布满分生孢子梗束和黑色液滴，难以形成子实体。因此，鲍鱼菇适宜的开袋出菇方式是打开袋口，并将袋口卷至培养料表面，在袋口培养料表面出菇为最佳方式（图 5-2）。

图 5-2　鲍鱼菇出菇方式

2. 清除袋口

鲍鱼菇为恒温结实性食用菌，经常出现菌丝体尚未长到袋底，而在培养料表面却已长出细长的菇柄、无菌盖、畸形的子实体，既消耗养分，又影响正常出菇。因此，要及时清除培养料表面的菌丝残留物和不正常的根状物。此外，在出菇过程中会出现菌袋料面长满孢子梗束、顶端全是黑色的孢子囊、迟迟不能出菇的现象，出现这种情况时，可用清水把黑色孢子囊冲洗掉，再放回原处让其出菇。

3. 菌袋排放方式

菌袋可叠放成墙式、直立排放在架上、倾斜堆放在地上，以上 3 种方式因条件而定。为防止料面积水腐烂，可在袋口割一缺口，让多余的水滴流出。

4. 环境调控

（1）**温度调节** 出菇期室温最好控制在 25～30℃，20℃以下不会产生菇蕾，32℃以上菇蕾难以形成。催蕾时调节到 25～28℃，生长时调节到 27～28℃，现蕾快，生长好。

【提示】 出菇期如果出现 20℃以下低温，可关闭所有门窗，在料面盖纱布保温。低温只能推迟出菇时间，不会对出菇和生长造成危害。当气温超过 30℃时，必须在墙壁、地面勤喷水，加大通风以降低室温。

（2）**水分调节** 菇房湿度要求保持在 90% 左右，夏秋栽培自然气温高，水分散失快，水分管理是关键。水分管理必须根据出菇情况来决定。催蕾时可采取少量多次喷水方式，以促进菇蕾发生。随着菇蕾长大，要逐渐增加喷水次数和喷水量。但菇房湿度也不宜过高，若长时间处于饱和湿度下，料面会形成大量分生孢子梗束，布满黑色液滴，难以分化成菇蕾；已形成的菇蕾，在湿度过大、通风不良时，会形成只长菌柄、抑制菌盖形成的畸形菇。

【提示】 若料面出现大量孢子梗束时，可将菌袋取下，用清水冲洗黑色分生孢子液后重新上床，仍可出菇。

（3）**光线调节** 菇蕾形成时，菇房只需有 40lx 的散射光，不可有过分明亮的散射光，更不允许有直射光照射菇床，否则子实体生长发育不良。

（4）**空气调节** 出菇期要定期通风保持空气新鲜，以防形成畸形菇。当外界气温高时，应选择在早晚通风，以防菇房内温度过高；当外界气温低时，应选择在中午通风，以防菇房内温度下降。

在温湿度条件适宜时，一般在开袋后 4～5 天即可出菇，有时会延迟到 8～10 天。从现蕾到采收需 5～6 天。采完第一潮菇后，使菌丝恢复 2～3 天后再进行水分管理，转潮时间为 8～15 天，其时间长短与气温和品种有关。

第五章 鲍鱼菇

【注意】 鲍鱼菇的栽培周期较长，从栽培到采收完毕需 60～70 天。由于第 3、4 潮菇的产量仅占总产量的 15%～20%，而栽培时间要延长 20～30 天，商品菇比率也较低，因而鲍鱼菇栽培一般在采收 2 潮菇后就结束生产，清理菇房。

七 采收及采后管理

在菌盖直径 3～5cm，盖边稍内卷，呈灰黑色，柄长 1～2cm，孢子弹射之前采收，其产品质地脆嫩、品质优良。采菇时，一手压住培养料，另一只手握紧菌柄轻轻旋转即可采下。采收后清理料面，进行搔菌，停止喷水 2～3 天（养菌），然后再进行正常出菇管理。

采摘的鲜菇削去菇柄带培养基的部分，即可上市销售。或采用保鲜膜包装冷藏，发运至外地销售。在生产相对集中并形成一定规模的产地，则可采用速冻保鲜加工。

【提示】 鲍鱼菇很适合作为罐藏加工的原料，通常制成清水罐头。

—第六章—

杏 鲍 菇

杏鲍菇（刺芹侧耳）又名刺芹侧耳、雪茸，属真菌界、真菌门、担子菌亚门、真担子菌纲、层菌亚纲、伞菌目、侧耳科、侧耳属。杏鲍菇因具有杏仁香味和肉肥厚似鲍鱼而得名。杏鲍菇营养丰富，质地脆嫩，口感绝佳，风味独特，故有"平菇王""草原上的美味牛肝菌"之称。每100g杏鲍菇含有热量31.00cal（1kcal＝4186.8J），碳水化合物8.30g，脂肪0.10g，蛋白质1.30g，在蛋白质中含有18种氨基酸，其中人体必需的8种氨基酸齐全，是一种营养保健价值极高的食用菌。

杏鲍菇不但营养丰富，常食还可以预防心血管疾病、糖尿病、肥胖症及降血脂、降胆固醇等，促进胃肠消化、增强机体免疫能力、防治心血管病等功效。杏鲍菇多糖作为一种特殊的免疫调节剂，在激活T淋巴细胞中具有强烈的宿主介导性，能刺激抗体形成、增强人体免疫力、发挥抗癌作用。

第一节 生物学特性

一 形态特征

1. 菌丝体

菌丝洁白、健壮、绒毛状、均匀，菌落舒展，边缘较整齐，不分泌色素，镜检有锁状联合。

2. 子实体

子实体单生或群生（彩图11）。菌盖宽2～12cm，初呈拱圆形，逐渐平展，成熟时中央浅凹至漏斗形、圆形至扇形，表面有丝状光泽，平滑、干燥、细纤维状，幼时浅灰墨色，成熟后浅黄白色，中心周围常有近放射状黑褐色细条纹，幼时盖缘内卷，成熟后呈波浪状或深裂；菌肉白色，具杏仁味，无乳汁分泌；菌褶延生，密集，略宽，乳白色，边缘及两侧平滑，有小菌褶。孢子印白色（浅黄至青灰色）。菌柄（2～8）cm×（0.5～3）cm，偏心生至侧生，罕中央生，棍棒状至球茎状，横断面圆形，表面平滑，无毛，近白色至浅黄白色，中实，肉白色，肉质纤维状，无菌环或菌幕；孢子椭圆形至近纺锤形，平滑，菌丝有锁状联合。

二 生态习性

在自然条件下，春末至夏初生于牙签草科（伞形科）植物刺芹、阔叶拉瑟草以及阿魏等植物的地下根茎及周围土壤中，营腐生或兼性寄生生活。

分布于新疆、青海和四川西部，以及意大利、西班牙、法国、德国、捷克、斯洛伐克、匈牙利、摩洛哥、印度、巴基斯坦等国的高山、草原和沙漠地带。

三 生长发育条件

1. 营养条件

杏鲍菇需要较丰富的碳源和氮源，特别是氮源越丰富，菌丝生长越好，产量也越高。它是一种分解纤维素和木质素能力较强的食用菌，可在棉籽壳、木屑、蔗渣、麦秆等农副产品下脚料组成的基质上生长，并非一定要用伞形花科植物才能栽培。母种培养基中，一般 PDA、PSA 培养基均适合菌丝生长，添加一定量的蛋白胨、酵母或麦芽汁可加快菌丝生长。普通的木屑、麦麸适合原种、栽培种培养基。栽培料中添加棉籽壳、棉籽粉、玉米粉、黄豆粉，可以提高子实体产量。以麦秆为主要原料，添加 5%～10% 棉籽粉不但可提高产量，而且可使子实体个体增大。

2. 环境条件

（1）温度 温度是决定杏鲍菇生长和发育的最主要因子，也是产量能否稳定的关键。杏鲍菇菌丝生长范围是 5～33℃，最适宜的温度是 25℃；原基形成的温度范围是 10~18℃，最适为 10~15℃；子实体生长范围温度为 10~21℃，最适为 13~15℃。

（2）水分 杏鲍菇菌丝生长阶段培养料含水量以 60%~65% 为宜，空气相对湿度要求 60% 左右；子实体形成和发育阶段，空气相对湿度要求分别在 85%~90% 和 95% 左右。因栽培时不宜在菇体上喷水，水分主要靠培养基供给，所以培养料含水量以 65%~70% 更适合子实体发生和生长。

（3）光照 杏鲍菇菌丝生长阶段不需要阳光，子实体形成和发育需要散射光，适宜的光照强度是 500~1000lx。

（4）空气 杏鲍菇菌丝生长和子实体发育都需要新鲜的空气，但在营养生长期二氧化碳对菌丝生长有促进作用。随着菌丝的生长，瓶（袋）中二氧化碳含量由正常空气中含量的 0.03% 逐渐上升到 22%（220000mg/kg），能明显地刺激菌丝的生长。原基形成阶段需要充足的氧气，二氧化碳含量控制在 50~1000mg/kg 之间；子实体生长发育阶段二氧化碳含量以小于 2000mg/kg 为宜。

（5）酸碱度 杏鲍菇菌丝生长的最适宜 pH 是 6.5~7.5，其生长 pH 范围是 4~8；出菇时的最适宜 pH 是 5.5~6.5。

第二节　杏鲍菇高效栽培技术

一　栽培季节

杏鲍菇出菇的温度是 10~18℃，因而可按照出菇温度的要求安排好季节，在自然条件下栽培，安排好栽培季节是取得成功的保证。根据杏鲍菇的适宜生长温度，北方地区在 8 月下旬制栽培袋，10 月上旬出菇；也可安排在春末夏初，但因这一阶段，温度适宜期较短，病虫害发生较多，一般很少选择这一时期。

【提示】　杏鲍菇与其他菇类不同的是：杏鲍菇的第一潮菇若未能正常形成会影响到第二潮菇的正常出菇，从而影响产量，因此应该根据出菇温度来安排适合当地栽培的季节。如果有恒温条件，也可四季进行栽培。

二　栽培场所

栽培场所可根据具体情况选择，干净的房间、塑料大棚、温室或林下均可，栽培场所要有足够的通风设施和遮光条件，需散射光时将遮光物适度打开。

三　参考配方

杏鲍菇菌丝分解木质素、纤维素的能力较强，可广泛利用杂木屑、棉籽壳、玉米芯、黄豆秆、废菌糠等。但仅用木屑和菌糠栽培，生物学效率仅有 20%～40%，棉籽壳栽培效率较高，但成本也高；用作物秸秆栽培产量不够稳定。因此，要全面考虑杏鲍菇的营养特性，因地制宜选择较好的原料及配方。现将栽培中理想的几种配方介绍如下：

1）杂木屑 36%，棉籽壳 36%，麸皮 20%，豆秆粉 6%，过磷酸钙 1%，石膏粉 1%。

2）杂木屑 30%，棉籽壳 25%，玉米芯 18%，麸皮 15%，玉米粉 5%，豆秆粉 5%，过磷酸钙 1%，石膏粉 1%。

3）杂木屑 22%，棉籽壳 22%，麸皮 20%，玉米粉 5%，豆秆粉 29%，过磷酸钙 1%，石膏粉 1%。

4）杂木屑 73%，麸皮 25%，石膏粉 1%，石灰粉 1%。

5）棉籽壳 78%，麸皮 20%，石膏粉 1%，石灰粉 1%。

6）甘蔗渣 70%，米糠 20%，玉米粉 7%，白糖 1%，石膏粉 1%，石灰粉 1%。

【注意】　玉米芯、秸秆等做原料栽培杏鲍菇，都要对原材料进行预处理。玉米芯粉碎成直径为 1～2cm 的颗粒，麦秆类切成长为 2～3cm 的小段并进行软化处理，一般栽培时都应将原料用清水或 2% 的石灰水浸泡 12～24h，捞出后堆制发酵 1～2 天即可。

四　拌料、装袋

拌料时应先将棉籽壳或木屑等主料平摊于地，然后再将麸皮、玉米面、石膏等辅料拌匀后均匀撒于主料上，经 2~3 次翻堆使主料与辅料充分混合均匀，然后再加水。若气温高，拌料时应加入适量的石灰粉，以免酸料。料与水的比例一般为 1:(1.2~1.4)，培养料含水量高低是决定出菇迟早及产量高低的重要因素之一，含水量过低，则产量低；含水量过高，则菌丝生长缓慢，且易感染杂菌，出菇迟。拌料方式可用拌料机，也可人工拌料，拌好的培养料 pH 应在 6~7 之间。

【提示】 一般每 100kg 的干料需加水 120~140kg，以手握紧培养料指缝间有水渗出，且下滴 1~2 滴水珠为宜。

培养料拌好后应立即装袋。袋子规格一般为 17cm×(30~33)cm，如果用的不是成品袋，应提前把筒袋的一头扎好，使之不透气。装袋时边提袋边压实，扎口要系活扣，一般每袋可装干料 0.30~0.35kg。装袋要松紧适宜，过紧透气不良，影响菌丝生长；过松薄膜间有空隙，容易被杂菌污染。拌料装袋必须当天完成，以防酸败。

五 灭菌、接种、培养

用高压或常压方式进行灭菌，常规接种、培养。

六 出菇管理

1. 立式（墙式）袋栽

杏鲍菇第一潮菇蕾能否正常形成，直接影响到第二潮菇正常出菇及总产量。

（1）杏鲍菇原基形成条件

1）充分的营养积累，这是杏鲍菇原基形成的物质基础。

2）适宜的环境条件，特别是较低的温度刺激和较高的相对湿度。

（2）实际栽培原则

1）菌丝长满袋后，因积累的营养较少，须继续培养 10~20 天后才开袋出菇，并掌握"宁迟勿早"的原则，不同栽培料，略有差别，以木屑、棉籽壳为主料栽培时，可延长至 15~20 天；以农作物秸秆为主料栽培时，以 10 ~ 15 天为宜。

2）当时、当地环境条件是否利于原基分化和形成。当气温高于20℃以上时不宜开袋，气温稳定在 10 ~ 18℃时把塑料袋口反卷至靠近培养基表面。温度控制在 10 ~ 18℃，空气相对湿度保持在 85% ~ 90%，并增加适当的散射光。每天通风 2 ~ 3 次，每次 20 ~ 30min，保持空气新鲜，经过 8 ~ 15 天就可形成原基并分化成幼蕾（图 6-1）。

图 6-1　杏鲍菇菇蕾

（3）栽培技术要点

1）掌握好开袋时间。在菌丝尚未扭结时开袋，难以形成原基或原基形成很慢，出菇不整齐，菇体经济性状差；在原基形成或出现小菇蕾时开袋，原基分化和小菇发育正常，出菇整齐，菇体的经济性状好；如果在子实体已长大时开袋，在袋内会出现畸形菇，严重时长出的菇会萎缩、腐烂。

【提示】　袋栽杏鲍菇的开袋时间，掌握在菌丝扭结形成原基并已出现小菇蕾时开袋，解开袋口，将袋膜向外翻卷下折到高于料面 2cm 为宜。

2）控制好菇房温度。菇房温度直接影响原基的形成和子实体生长发育。当气温低于 8℃时原基难以形成，即使已伸长的菇体也会停止生长、萎缩、变黄直到死亡；当气温持续在 18℃以上时，已分化的子实体突然迅速生长，品质会下降，小菇蕾开始萎缩，原基停止分化；当气温达 21℃以上时，很少现原基，已形成的幼菇也会萎缩死亡。不同生态型的菌株，造成幼菇死亡的临界温度有所不同，造成的损失也有差别。温度较高，则子实体生长快，菇体小，开伞快，产品质量差。

3）控制好菇房湿度。初期空气相对湿度要保持在 90% 左右；当子实体菌盖直径长至 2~3cm 后，湿度可控制在 85% 左右，以减少病虫害发生和延长子实体货架寿命。当气温升高、空气相对湿度低于 80% 时，应适当喷水增湿，但忌重水和把水喷于菇体上，以免引起子实体黄化萎缩，严重时还会感染细菌，引起腐烂死亡，降低子实体产量和质量。湿度太低，则子实体会萎缩，原基干裂不能分化。

【小窍门】>>>>

生产上常用细喷、常喷方法补湿，也可在喷水前，用报纸或地膜盖住子实体，喷水结束后，拿掉覆盖物，这样可减少喷水造成的不良影响。当 1~2 潮菇采收结束，菌袋失水较多时，可在 2~3 潮菇后进行覆土栽培。

4）控制好菇房空气。出菇期如果通风不良，由于二氧化碳浓度过高，会出现畸形菇，若再碰上高温、高湿天气，还会导致子实体腐烂。因此，出菇期菇房内必须保持良好的通风换气条件，特别是用薄膜覆盖的，每天要揭膜通风换气 1~2 次。

【注意】 当菇蕾大量发生时，及时揭去地膜，并拉直菌袋袋口薄膜保温，同时还应加大通风量。

2. 覆土栽培

杏鲍菇袋栽由于受其本身基质营养、水分、菌丝代谢及环境条件的限制，往往在第 1~2 潮菇能有较高产量和上乘质量。但二潮菇后，因其营养不足、失水、菌丝老化和病虫害等诸多方面的原因，使产量降低，质量下降，菌盖小、肉薄，或干瘪发黄，有的出现畸形，甚至不能形成正常子实体。因此，生产上常采用袋式覆土栽培，即制成菌袋长满菌丝后直接覆土出菇或在1~3潮菇后再进行覆土出菇的栽培方法（图6-2）。杏鲍菇覆土后，质量有明显改善，转化率得到提高，同时管理方便，成本低，杂菌污染少，而且不会出现袋栽时头潮菇出菇难的现象。

图6-2 杏鲍菇覆土栽培

（1）**菌袋制作及培养** 与袋栽相同。

（2）**覆土材料及处理** 不像双孢蘑菇那样严格，只要有团粒结构、透气性、持水力强、pH为5.5~7.5、干不成块、湿不发黏的土壤均可。

【提示】 一般的菜园土、田土、河泥土等，使用前拌入2%石灰和5%甲醛溶液进行喷雾消毒处理，拌匀后用塑料薄膜覆盖24~48h待用。

（3）**阳畦建造** 一般在大棚内或林间果园内空地均可建畦。畦宽60~120cm，长度依地势和需要而定，畦深5~10cm，四周开好排水沟。畦内灌水湿透，渗干后撒一层石灰粉，并用杀菌剂喷雾畦内和四周消毒。

（4）**脱袋覆土** 当菌袋菌丝全部发满6~10天后即可脱袋覆土，将菌袋的塑料袋全部脱去，排放在已建好的畦床上，袋与袋之间相距3~4cm，袋间可用培养料或泥土填满。然后用处理后的土壤覆盖，覆土厚度为3~4cm，覆土含水量为16%~20%。

【提示】 覆土后土壤应适当压实、平整。若是林间果园套作，则盖上薄膜或做好小拱棚。

（5）覆土后管理　覆土后要经常检查土壤干湿情况，并进行喷水管理，补水应少量多次，分 3 天每天 1 次喷透覆土层。以后掌握两个原则：一是表土不发白，二是水分不流进料内。同时做好控温保湿和通风换气，每天早晚各通风 1 次，每次 30min，晴天加厚覆盖物，阴天减少遮阴。经 10～20 天后，即可形成原基。

（6）出菇管理　与袋栽相似。

1. 采收

一般在现蕾后 15 天左右可采收。在菇盖即将平展、孢子尚未弹射时为采收适期（图6-3）。采收标准应根据市场需要而定：外贸出口菇要求菇盖直径 4～6cm，柄长 6～8cm；国内市场对菇体要求不甚严格。采完头潮菇后，再培养 2 周左右又可采第二潮菇，第二潮菇朵型较小，菇柄短，产量低。在正常情况下，头潮菇袋产量为 120～150g。

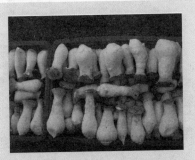

图 6-3　采收的杏鲍菇

2. 鲜销

鲜菇可直接上市，也可用塑料盒包保鲜膜进入超市。杏鲍菇的货架期较一般菇类稍长些，在冰箱中敞开放置 10 天不会变质；气温 10℃下可放置 5～6 天，15～20℃下也可保存 2～3 天不变质。

3. 加工

（1）干制　杏鲍菇适合烤干，干品风味极好，口感脆、韧、鲜，因菌盖、菌柄肉质厚，整朵很难烤干成为合格产品，所以烤干之前需要把菌柄和菌盖切片，之后根据食用菌产品烤干要求进行。干品呈白色至奶油黄色，外观好。

（2）制罐　杏鲍菇因口感脆，不像平菇属其他品种煮熟后易烂和破碎，把它切片后制成罐头风味极好，仍保持脆嫩特色。制罐加工法与其他食用菌的罐头制作方法相同。

（3）盐渍　具体规格、质量、加工方法按收购单位要求进行。

一般盐渍方法：将菇体按要求标准整理好，分级之后放于开水锅（用铝锅，不用铁锅）内。煮熟的标准是掰开菇体无白心，煮熟后立即捞出迅速用冷水冷却，彻底冷却后用筛子控去多余的水分。按菇体与食盐重量比例即1kg菇体加0.5kg食盐，一层菇体、一层盐进行盐渍，盐渍10～15天进行倒缸一次以便盐渍均匀，防止腐败。

【小窍门】>>>>

为防止腐败，最好用精制盐或把粗盐碾碎成细盐，用铁锅炒30min左右，也可用饱和食盐水盐渍，质量较好。

第三节　杏鲍菇工厂化栽培

工厂化生产杏鲍菇（图6-4），其拌料、装瓶、灭菌、接种、培养、搔菌、育菇、挖瓶等工序都采用机械操作，由传感器和计算机自动控制温、湿度，投资大、效益高。

图6-4　杏鲍菇工厂化生产

一　菇房

杏鲍菇菇房分为发菌室，催蕾室和育菇室。菇房宽3.5m、长9m、高3.5m。各室的门统一开向走廊，廊宽2m。墙体喷涂聚乙烯发泡隔热层，菇架双列向排列，四周及中间留有过道，便于操作和空气循环。发菌室菇床7层，层距0.35m；催蕾室和育菇室菇床5层，层距0.45m，底层菇床距地面为0.25m。

二　设备

设有制冷、通风、喷雾、光照4种主要设备。各室配备1台5hp（1hp＝745.700W）的制冷机和1台40m²的吊顶冷风机；或2室配备1台8hp的制冷机组和2台40m²的吊顶冷风机。催蕾室与育菇室的天花板上及纵向两垛墙各安装 2 盏 40W 日光灯。各室安装 1 台 45W 交流电风扇，新鲜空气经由缓冲室进入菇房，废气从另一排气口经缓冲室隔层排出。

三　装瓶（袋）

机械装瓶（袋）。瓶的材料是 PP 树脂瓶，其容量是 800～1100mL、瓶口 58～80mm（850mL 瓶装干料 620～650g），中心打孔（图 6-5），加滤气瓶盖，装入耐高温塑料筐（16 瓶/筐）中灭菌。袋的规格一般是 17cm×36cm×0.05cm 的聚丙烯塑料袋，每袋装干料 500g 左右。

图 6-5　杏鲍菇机械装瓶

扫码看实作

四　灭菌

高压灭菌，121℃，1.5～2h。

五　接种

瓶温 30℃ 以下，无菌室接种。

六　培养

发菌室恒温 23～25℃，黑暗。随着菌丝的生长，瓶中二氧化碳含量由正常空气中的 0.03% 逐渐上升至 0.22%，较高浓度二氧化碳可刺激菌丝生长，所以培养期间少量换气即可。培养 30～35 天菌丝可满瓶。

七　搔菌

菌丝满瓶后再培养 7～10 天，使其达到生理成熟。此时搔菌，即除去瓶口 1～1.5cm 厚老化菌丝。机械操作，包括开盖→搔菌→冲洗→扣盖→搔菌等工艺流程，搔菌可使出菇整齐。

八 催蕾

搔菌后入育菇室，瓶口向下翻入一个空筐，利于菌丝恢复生长，空气相对湿度90%～95%，温度12～15℃，适度通风。菌丝恢复生长后，湿度降到80%～85%，形成湿度差；光照强度500～800lx，二氧化碳含量0.1%以下，7～10天形成菇蕾。如果二氧化碳含量超过0.1%，则菇体畸形。

图6-6 育菇

扫码看实作

九 育菇

菇蕾形成后再翻筐，使瓶口朝上育菇（图6-6），温度15～17℃，湿度90%～95%。用喷雾机调湿，不可向菇体直接喷水。当菇蕾长到花生米粒大小时，用小刀疏去畸形和部分过密菇蕾。

> 【提示】 每袋产量与成菇朵数趋正相关，应根据市场需求决定每袋所留菇蕾数，一般每袋成菇4朵，产量质量较高。

十 采收

扫码看实作

菇盖基本展开，孢子未弹射时采收，采大留小，分次采完。采收单菇时，手握菌柄基部旋转拔，丛菇用小刀切割。一般从现蕾到采菇需10～20天，工厂化瓶式栽培只采收一潮菇，转化率为50%左右。采后机械挖瓶，以备下轮装瓶（袋式：单袋500g干料，一潮菇平均产量为250g左右，转化率50%；10天后可再长出第二潮菇，二潮菇单袋最高产量可达610g）。

第七章

白 灵 菇

白灵菇（白灵侧耳）又名白灵侧耳、白阿魏蘑、翅鲍菇，属担子菌门、伞菌纲、伞菌目、侧耳科。白灵菇是新疆地区一种特有的食药两用珍稀真菌，新疆民间称为"天山神菇"。野生时因生长于中药阿魏植物上而得名，它是刺芹侧耳的白色变种。

白灵菇是一种品质特优的大型肉质伞菌，其子实体洁白如玉，质地细腻，味如鲍鱼，久煮不烂，食之脆嫩可口。白灵菇具有消积化瘀，清热解毒，治疗胃病、伤寒等功效，所含真菌多糖，能增强人体免疫功能；其含不饱和脂肪酸，有降低血压、预防动脉硬化的作用。总之，白灵菇不仅具有很高的营养价值，而且具有很高的医药疗效。

第一节　生物学特性

一　形态特征

1. 菌丝体

菌丝体生长在基质中，在试管斜面上生长的菌丝体浓密洁白，菌苔较厚且较韧。气生菌丝生长旺盛，在显微镜下观察，菌丝较粗，有分枝，锁状联合结构明显。

2. 子实体

白灵菇由菌盖和菌柄组成（彩图12）。菌盖白色，初凸出，后平展，中央凹下呈歪漏斗状，菌盖直径6～13cm或更大。菌肉白色肥厚，中部厚可达 3 ~ 6cm，向边缘渐薄。菌褶刀片状，生于菌盖背面，长短不一，奶油色至浅黄色。

二 生态习性

春秋生于伞形科植物阿魏、新疆阿魏及刺芹的茎基和根部。分布于四川西北部和新疆的托里地区，以及印度、巴基斯坦和南欧、北非。

三 生长发育条件

1. 营养条件

白灵菇是一种腐生或寄生兼具的菌类。菌丝体浓密粗壮、穿透力强，能充分分解和利用基质营养，具有高产优势，最适高氮配方栽培。用棉籽壳、稻草、甘蔗渣等为主料，配以麸皮（或米糠）及玉米粉等辅料，生长良好，二潮菇生物转化率可达80% ~ 100%。

2. 环境条件

（1）温度 白灵菇是一种中低温型的食用菌，菌丝生长范围为5 ~ 32℃，最适温度为25 ~ 28℃，在35 ~ 36℃时菌丝停止生长。菇蕾分化温度为 5 ~ 13℃，子实体在 6 ~ 25℃均能生长，最适温度为15 ~ 20℃。

> **【注意】** 白灵菇出菇必须有低温（10℃以下的低温）和温差（10℃的温差）刺激。

（2）水分 菌丝体生长水分主要来自培养料，在栽培袋发菌时，空气相对湿度低于70%可以减少杂菌污染。子实体在87% ~ 95%的空气相对湿度下生长良好，在低温（6 ~ 7℃）和干燥条件下，菌盖表面易发生龟裂。

（3）空气 白灵菇是好气性菌类，菌丝体生长和子实体发育均要求有足够的氧气，因此发菌室和出菇场均要求空气新鲜。尤其是子实体生长形成时，代谢旺盛，呼吸强烈，对氧气的需求量大，通风不良时子实体生长缓慢或变黄。

（4）光照 白灵菇菌丝生长不需要光线，在黑暗条件下可生长良好。菇蕾分化需要散射光，在 200～500lx 光照条件下子实体发育正常。光线弱时易形成菌柄细长、菌盖小的畸形菇，但在直射光和完全黑暗时均不易形成子实体。

(5) 酸碱度 白灵菇菌丝在 pH 为 5～11 的基质中均可生长，但以 pH 为 6～7 最佳。制栽培袋时若气温偏高，可加石灰 0.5%，以防培养料酸败。

第二节 白灵菇高效栽培技术

一 栽培季节

合理地安排栽培季节是获得优质高产的关键，白灵菇的适合出菇温度为 10～20℃。可安排在 9～10 月制栽培袋，11 月～第二年 4 月可进行出菇管理，各地可根据当地的气候条件来安排生产季节。

二 栽培场所

(1) 日光温室 日光温度是农业上种植蔬菜的保护地设施，是白灵菇出菇的理想场所。

(2) 塑料大棚 塑料大棚也是白灵菇出菇的理想场所。

(3) 一般房屋 一般房屋经整理粉刷后可作为白灵菇出菇场所（地下室不可以）。

【提示】 不论是在什么场所出菇，均应注意要能够调节温、湿、光、气四大因素，营造出菇最适的环境，确保优质高产。栽培场所要求近水源，交通方便，环境清洁，无污染源。菇房要能保温保湿，又可通风换气和透光。为提高空间利用率，可设计多层床架。使用前要打扫干净，并按常规法进行熏蒸消毒和喷药液消毒。

白灵菇 第七章

三 栽培方式

一般采用塑料袋栽培方式，选用高压聚丙烯或低压聚乙烯塑料袋，规格为 18cm×36cm×(0.03～0.05)cm（墙式栽培）或 17cm×32cm×(0.03～0.05)cm（覆土栽培）或根据需要定做。

四 栽培配方

配方一：杂木屑78%，麸皮20%，红糖1%，石灰1%。

配方二：杂木屑68%，棉籽壳10%，麸皮20%，红糖1%，石灰1%。

配方三：棉籽壳78%，麸皮20%，石膏粉或石灰1%，糖1%。

五 拌料、装袋、灭菌、接种

用常规方式拌料后，经高压或常压灭菌，冷却至28℃左右时进行无菌接种。

六 发菌期管理

1）接过菌的菌袋运入发菌室或日光温室发菌，装卸、搬运、摆放菌袋时要轻拿轻放。根据季节和气温高低决定摆放层数，一般摆放4~6层，气温高时层与层之间要留一定空间以利通风降温。

2）发菌培养场所进袋前10天要打扫干净，并进行一次熏蒸消毒（甲醛或气雾消毒剂）。

3）菌袋放入培养场所后，要用克霉灵（美帕曲星）水溶液进行空气消毒，以后每周喷雾一次。

4）菌袋菌丝封口后（10~15天），要进行一次翻堆，检查菌丝长势和有无杂菌发生，杂菌多为绿、橘红、黑、黄等颜色，杂菌呈点状或小片状时，可用甲醛、酒精或煤油等注射处理。

5）一次翻堆后，要经常检查菌丝长势和有无杂菌发生，至少每隔10天翻堆检查一次，并注意料温变化，料温不能高于28℃。发现杂菌要及时处理，污染严重时要拿出发菌场所，集中灭菌后晒干。

6）整个发菌期间要注意调节温度、湿度、空气和光线四大要素，温度保持在23~25℃，空气相对湿度70%以下，保持空气新鲜，避光培养。

7）一般发菌期35~40天，白灵菇可长满袋。

七 后熟管理

（1）自然后熟 白灵菇菌丝长满袋后不能立即出菇，此时菌袋松软，菌丝稀疏；须在20~25℃下进行20~30天的后熟，以达到生理成熟。

 【注意】 菌丝只有在生理成熟后才能正常出菇，后熟期间，注意培养基含水量，保持水分不要打开袋口。后熟期培养应有一定光照刺激，以促进菌丝扭结。

（2）冷库刺激 先将温度调至 25～30℃，使其菌丝长满菌袋；然后将菌袋移入低温冷库，在 0～10℃环境中维持 15 天左右，令菌丝体在相对不适条件下形成自我保护，从而加速其"生育"过程。当菌袋色泽比放入冷库前更加洁白，敲击时发出空心木的声响，手感硬度较高且弹性较强时，即可将其移出冷库置入塑料大棚中，尽量提高棚温，加大湿度，给予适量的强光刺激和较大的通风。经一周左右，接种块处即出现微黄色菌液，此后应尽量降低温度，待其现蕾。

八 栽培方式及管理

1. 墙式出菇

1）对长满菌丝的菌袋要分批进行出菇管理，可采用墙式出菇，一般顺码堆放，堆 4～6 层（图 7-1）；也可采用直立架摆出菇（长 100m、宽 6m 的日光温室可放 3.5 万个菌袋）。

2）日光温室内温度 8～20℃，晚上揭开薄膜和草苫以低温刺激，白天以散射光刺激。

3）发现袋口处原基呈黄豆粒大小时，去掉棉塞，拉起套环解开口；到蚕豆粒大小时，把袋口薄膜抻开，呈方口；长至乒乓球大小时进行挽口，即把薄膜挽至袋上，露出原基，温度 12～20℃，空气相对湿度应调到 80%～90%，并以散射光照射。

图 7-1 白灵菇墙式栽培

4）现蕾初期不可直接向菌袋喷水，应保持空气相对湿度，待菇

第七章

白灵菇

体稍大些可少量喷雾状水；采收前停止喷水。

5）日光温室内要经常通风，保持空气新鲜。白灵菇现蕾时数量较多，但长大后一般一个袋只长 2~4 个单个大个体，可根据疏密去小留大，保留 1~2 个子实体，使其正常生长发育。

2. 覆土出菇

白灵菇覆土出菇管理同杏鲍菇覆土管理，但应注意以下几个问题。

1）应先催蕾再覆土。一般栽培户采取地栽模式时，将菌袋直接覆土，这样做的缺点有三个：一是若因为菌袋后熟不好，会造成出菇很慢；二是这样做极其容易造成畦面出菇不均匀，有的地方出菇很多，而有的地方却不出菇；三是产量很低。正确的做法是先将菌袋进行催蕾管理，此时应维持较强光线，温度在 8~20℃ 范围内，湿度应保持在 85%~95%。

【小窍门】>>>>

　　若湿度不够可在菌袋上覆盖地膜保湿，等到菌袋两头有米粒状小白点出现时，可进行覆土，这个过程一般维持 15 天左右。经过这样处理，白灵菇出菇整齐而且速度快，个体均匀美观（图 7-2）。

2）菌袋中间必须用土塞紧，用水灌透，不留空隙。菌袋覆土时，菌袋中间要预留约 5cm 以上空隙，用土将空隙填满，并用水灌透。这样做的好处是现蕾均匀，而且由于各个菌袋被土壤包围严密并分隔开，可以防止感染杂菌的菌袋将杂菌传染给健康的菌袋，这一点在温度较高的时期更应注意。

图 7-2　白灵菇覆土栽培

3）温度高时，出菇期通风必须良好，否则易因通气不良而形成病害，引发菇体黄烂，后果严重。

【小窍门】>>>>

→ 此时若湿度不够，可采取向畦中灌水及空气中喷雾的办法，这样做一方面可增加菇棚湿度，另一方面可降低菇棚温度。

4）覆土时，应将感染杂菌的料袋拣出，单独处理，不可鱼龙混杂，引起杂菌的蔓延。

5）菇体应及时疏蕾，不可任其生长，否则会造成菇片生长过密，互相挤压，严重影响白灵菇的商品性。

6）菌袋之上覆土不宜太厚，以略微盖住菌袋为宜，否则会因土层太厚造成出菇困难，影响产量及品质。

九 白灵菇栽培的常见问题

1. 白灵菇不能正常出菇

（1）接种时间延误 菌丝发育缓慢，生理不能成熟，无法转入生殖生长。到了菌袋生理成熟时，气温升高，温度已不适应，造成整批菌袋不出菇。

（2）配方不合理 配方不合理会使白灵菇发菌不正常，如果养分积蓄不能满足营养生长时，就难以出菇。

（3）发菌期翻堆不及时 菌丝严重缺氧，导致袋温、室温骤增，造成底层菌袋"烧菌"，严重影响出菇。翻堆次数太少，各层菌袋受光触氧不匀，会造成出菇不一致。

（4）后熟培养不当 菌丝长满袋后应进行后熟培养，若此时就开口喷水，会使出菇延迟；有的后熟期室内湿度太低，后熟时间延长，导致出菇期推迟；也有的因室内光照直射菌袋，造成菌袋内水分蒸发，菌丝体增厚，养分消耗，影响后熟。

（5）低温刺激不到位 菌袋生理成熟后，还需要 $0 \sim 13\text{℃}$ 的低温和变温刺激，逼迫原基形成，分化菇蕾。有的菌袋成熟后，未及时进棚，留在室内恒温培养，延误了出菇期；也有的在菌袋进棚码垛后，自然气温已达到0℃，虽能满足低温刺激，但为了创造温差条件，有的采取无限时蒸汽加温，使垛内袋温聚集不散而"烧菌"，结果成批不长菇。

2. 白灵菇乱现蕾

白灵菇易乱现蕾，即不在菌袋两头正常现蕾，而在菌袋中间出现菇蕾，对产量影响很大。防止白灵菇乱现蕾有以下几个措施。

（1）菌袋装料要规范 尽量将料袋装匀、装紧，不留空隙，尤其是手工装袋更要严格把关。

（2）菌丝后熟要充分 发菌阶段保持避光培养，温度相对恒定，完成初步发菌后保持原条件继续后熟培养。后熟期间不能突见强光，不能移动菌袋，直至完成现蕾前的所有准备工作。

（3）保持偏低的温度 棚温保持在4～15℃，最适温度为8～12℃。当棚温高于16℃时，菌袋两头的出菇能力会受温度影响而降低。

（4）棚室湿度要均衡 打开袋口后菇棚湿度保持在80%～95%。如果湿度低于70%，两头出菇部位的基料表面很快失水，导致现蕾困难，充分成熟的菌丝必将从其他部位出菇。

➕ 采收

冬季低温季节白灵菇从幼菇到采收一般为10～15天，当菌盖展开尚未散发孢子、菌盖边缘尚未上翘时，要及时采收（图7-3）。

因气温关系一般只采收一潮，生物学效率可达50%～80%，最高可达100%以上，二潮菇出菇较少。采收后清理料面和出菇室，菌袋可低温越冬（夏）保存，待气温适宜时还可进行再次出菇。

图7-3　白灵菇产品

白灵菇下脚料风干后可以储存，也可以用来栽培平菇、鸡腿菇等。

采收后应将菇体根部的菌料清理干净。白灵菇以鲜销最好，也可加工成罐头、干切片等。

第三节　白灵菇工厂化栽培

白灵菇工厂化栽培是在可控的环境（温、光、气、湿）条件下，进行自动化、机械化高效率的生产。

一　产地环境要求

白灵菇工厂化生产的产地环境要做到"四要求、三必须"。

1. "四要求"

1）要求远离食品酿造工业区、禽畜区、医院和居民区，2km内无工业"三废"污染源。

2）要求菇房周围环境清洁，空气对流。

3）要求选用无公害的次氯酸钙药剂消毒，使其接触空气迅速分解为对环境、人体和白灵菇生产无害的物质。

4）要求使用紫外线灯或臭氧灭菌器等物理消毒取代化学药物消毒。

2. "三必须"

1）场地四周必须空旷，空气流通，避开"三废"排放，无垃圾等废物。

2）菇房地面必须撒石灰，替代化学农药杀菌。

3）水源必须无污染，水质清洁，其大气、灌溉水、土壤质量符合无公害生产要求。

二　栽培工艺与菇房建设

1. 栽培工艺

白灵菇工厂化生产周期为120～130天，其中菌丝满袋40～50天，后熟50～60天，出菇期20天，栽培工艺是：培养料配制—搅拌—装袋—灭菌—冷却—接种—养菌—搔菌催蕾—育菇管理—采收包装。

2. 菇房建设

根据生产工艺，厂区分为堆料仓储区、装袋区、灭菌区、冷却区、接种区、养菌区、出菇区及包装区。养菌房与出菇房建造材料主要是聚苯乙烯或聚氨酯彩钢板及钢构等材料，每间养菌房和出菇房以长 8m、宽 7m 为宜，内设 7 层培养架，架宽 0.9m，层距 38cm，走道宽 80～90cm，每条走道上方安装 1 盏节能灯，库容量为 10000～12000 袋，配备 1 套 10hp 制冷机组，风机装在室内门口上方，距屋顶 70cm；出菇房呈"非"字形排列，内设 5 列出菇架，每架 7 层，底层离地 15cm，每层可堆放菌袋 4 排，走道宽 0.8～1.0m，走道两端各设 1 个规格为 35cm×35cm 的窗户，靠门的窗户设置在屋顶下沿 80cm 处，外侧覆盖高效过滤网，主要用于空气过滤和防止昆虫进入；另一窗户设在走道末端墙体上，高出地面 20cm，安装排风扇及百叶帘，库容量为 10000 袋，每间菇房配套安装 24W 节能灯 10 盏、300W 超声波加湿机 1 台和 10hp 制冷机组 1 套。

三 配方与培养料配制

1. 配方

1）棉籽壳 50%、木屑 20%、玉米芯 6%、麦麸 22%、石灰 1%、轻质碳酸钙 1%。

2）棉籽壳 40%、木屑 25%、玉米芯 8%、麦麸 22%、玉米粉 3%、石灰 1%、轻质碳酸钙 1%。

2. 培养料配制

装袋前，预先测定木屑等原料含水量，按配方量取各种原料和所需添加的水。拌料时，先将棉籽壳、玉米芯倒入搅拌机，边加水边搅拌 20min，当无干心时加入杂木屑搅拌 5min，然后加入麦麸、玉米粉、石灰等辅料再搅拌 10min，装袋前培养料水分控制在 64%～66%，以手紧握培养料指缝有水但不下滴为宜，pH 为 7.0～8.5。

四 装袋灭菌与冷却接种

1. 装袋灭菌

采用对折口径（17～18）cm×38cm×0.005cm 聚丙烯塑料袋（1100mL 聚丙烯塑料瓶），利用双冲压装袋机装袋，每袋填装湿料 1.2kg，料高 17cm，料中间预埋孔径 2.5cm、长 16cm 塑料接种棒，拉紧套环使其与料面紧贴，盖上防水透气型塑料盖，于 121℃高压灭菌 2～3h。

2. 冷却接种

灭菌结束后将菌包移至已消毒的洁净冷却室中冷却，待料温降至 28℃左右，即可在空气净化接种室或接种箱内无菌接种，接种量标准是填平孔穴、料面均匀覆盖 0.4cm 厚菌种。

五 菌丝培养与后熟管理

1. 菌丝培养

将已接种的菌袋置于经"高锰酸钾＋甲醛"熏蒸消毒 24h 的养菌室层架上，维持 20～24℃、空气相对湿度 60%～70% 环境条件避光培养，利用时间继电器每隔 4h 通风换气 10min，保证室内空气清新，二氧化碳含量不超过 0.25%。接种后第 13～15 天检查杂菌感染情况，及时挑出污染菌袋集中烧毁。

2. 后熟管理

接种后 45 天左右，菌丝即可吃透培养料，但菌丝稀疏，积累养分少，还需继续培养 50～60 天，促使菌丝生理成熟才能出菇，菌丝生理成熟的标志是料面吐"黄水"，袋壁处菌丝浓白。

六 出菇管理

挑选菌丝生理成熟的菌袋，以"背靠背"形式横放在出菇房层架上，1 层向左，1 层向右，共叠放 4 层，然后拔掉塑料盖和套环，用经 75% 酒精消毒的搔菌耙去除老菌块，袋口保持不变，通过低温、变温、强光、通风等调节刺激诱导原基形成。

1. 温、光刺激催蕾

后熟后的菌丝需要低温、变温和光照强度变化进行催蕾，前期给予白天 18℃左右、晚间 10℃以下，10～15 天的变温刺激，空气相对湿度 85%～95%，同时给予 800lx 的散射光刺激 8h 和晚上全黑暗的变光刺激。经 7 天左右料面出现米黄色水珠，3～4 天后形成原基。

2. 疏蕾

当原基长到 0.5～1cm 时，从料面上方 1cm 处割掉塑料袋口，当原基长到 1～2cm 时，按照"除弱留强"原则用刀疏蕾，每袋保留 1～2 个健壮菇蕾（图 7-4）。

图 7-4　白灵菇工厂化生产

3. 温湿度调控

疏蕾结束后，室内保持温度 12～14℃、空气相对湿度 90%～95%、二氧化碳含量 0.25%～0.3% 环境条件促使菇蕾增粗伸长。

【小窍门】>>>>

> 　　出菇期间空气相对湿度低于 80% 时，菌盖容易龟裂起皮，可通过地面洒水和加湿器空间雾化方式增加湿度，喷水时不能将水喷在菇体上。

4. 空气调控

出菇期间每隔 6h 通风 10min，保持二氧化碳含量在 0.1% 以下，若通风不足，易出现畸形菇、长脚菇。

七　采收和包装

当菌盖平展、边缘内卷、孢子尚未弹射时采收，一手摁住菌袋，一手握住菌柄将菇掰下，做到轻采、轻拿、轻装，以减少机械碰撞与损伤。工厂化栽培一般只采一潮菇，平均每个菌袋可产鲜菇 200～250g。采收后及时消除菇体上残留的杂质，低温预冷 2h 后用白色软纸包装，每箱 5kg。

八　白灵菇工厂化栽培的常见问题

1. 迟出菇与不出菇

1）配方不科学。菌丝生长发育时需要高氮营养，若养分不足，不能满足营养生长需要时，出菇难。氮的浓度过高，菌丝生长过旺，营养生长时间拉长，原基形成受抑，出菇延迟。

2）养菌管理失误。菌袋摆放过密，未能按时通风，菌丝缺氧。各层菌袋受光触氧不匀，生理成熟度不一致，造成出菇不整齐。

3）后熟作用未达标。菇房湿度太低，后熟时间拉长，推迟出菇期；光线直射菌袋，菌袋水分散失，菌丝体增厚消耗养分，影响后熟作用。

2. 白灵菇畸形

1）库房设计问题。通风口设在顶部，菇房下部二氧化碳浓度过高。未按时打开风机，造成菇房严重缺氧，会使好气性白灵菇生长畸形。

2）养分不足。原料（棉籽壳、麦麸等）霉变，养分流失。麦麸用量低，不能满足菇体正常生长营养需求。菌袋内水分散失过多，导致菌丝体严重脱水。

3）催蕾技术不到位。低温养菌期时间不足，或温差刺激不够，子实体发育就会受到抑制而变形。

4）留蕾太多。

3. 杂菌危害

1）木霉。菌丝白色、纤细透明、有分枝分隔。初期呈白色斑块状，孢子产生后渐转为绿色。木霉的菌丝比白灵菇菌丝生长速度要快 2～3 倍，危害极大。可采用 75% 酒精溶液注射。

2）链孢霉。菌丝生长疏松，呈棉絮状，白色，分生孢子呈橘红色。气流传播，高温季节易发生。遇合适的棉籽壳培养料，蔓延迅速。若发现应及时去除隔离。

3）曲霉。菌丝较粗壮，菌丝初期为白色。多因为灭菌不彻底、无菌操作不严格造成，也可能是由外界空气入侵引起的。曲霉感染后，白灵菇菌丝会很快萎缩，有刺鼻的臭味。防治方法是经常开机通风，控制喷水次数。

——第八章——
元　蘑

元蘑又名亚侧耳、冻蘑、黄蘑、冬蘑，属担子菌亚门、伞菌纲、伞菌目、小伞科，是东北森林中树桩根部或倒木上生长的一种珍稀菌类，它美味适口，细嫩清香，复原性强，属于木腐型菌类。元蘑还是一种地方性草药，性味甘温，能祛风活络、清热燥湿，民间用于治疗癫痫、肝硬化腹水、风湿肌肉痛和目赤肿痛等，是一种非常有开发潜力的食用菌。

第一节　生物学特性

一　形态特征

子实体群生或呈覆瓦状丛生，中等至稍大（彩图13）。菌盖直径3～12cm，扁半球形至平展，半圆形至肾形，黄绿色、黏，有短绒毛，毛坯上有角质层并易剥离，边缘内卷，后反卷。菌肉白色、厚；菌褶狭窄、稍密、宽，常在柄上交织，白色至浅黄色。菌柄短或无柄，侧生，长1～2cm，粗1.5～3cm，白色或浅黄色，有绒毛和鳞片，常有黑褐色斑点。

【提示】　元蘑与侧耳属其他食用菌的区别是菌褶上有囊状体。

二 生态习性

夏秋生于栎、杨、桦、椴、槭、毛刺杨等多种阔叶树的枯腐木或活立木死亡部分，引起木材腐朽（图8-1）。

分布于河北、辽宁、黑龙江、吉林、内蒙古、山西、陕西、四川、云南、贵州、西藏等省（自治区）；以及日本、俄罗斯（西伯利亚）、欧洲和北美洲。

图8-1　元蘑自然生长

三 生长发育条件

1. 营养条件

在碳源方面，对纤维素、半纤维素、木质素、淀粉的分解能力强，阔叶树木屑、甘蔗渣、棉籽壳等均可作为培养基质；在氮源方面，麸皮、稻糠都可以，再加入石膏、石灰、硫酸镁等作为辅料。

2. 环境条件

（1）温度　菌丝生长的温度为 15～30℃，最适温度为 23～28℃；子实体形成温度为 7～26℃，最适温度为 15～18℃。子实体的形成无须温差刺激。

（2）水分　菌丝生长基质最适含水量为 55%～60%。菌丝生长阶段，空气相对湿度要求在 80%～85%。子实体形成阶段，空气相对湿度要求在 90%～95%。

（3）光线　菌丝生长阶段可在全黑暗条件下进行；出菇阶段要求适当散射光，最适合的光照强度在 60～100lx 之间，即眼睛稍微能够看清楚报纸，这样的光线对子实体形成有促进作用，使子实体正常发育。

（4）空气　元蘑属于好气性真菌，对二氧化碳的含量多少特别敏感。在子实体形成过程中，含量大于0.3%的二氧化碳将使菌柄极度分化，菌盖发育受阻，菇体畸形，甚至受抑制，菌柄变长，菌盖变小。

（5）酸碱度　菌丝在 pH 为 3.5～9.0 范围内均可生长，以

pH 为 5.5 ~ 6.5 最适。

四 子实体发育阶段

（1）菌丝扭结期 袋壁菌丝出现白色菌丝扭结，在有充足散射光的条件下，可见浅黄色菌丝扭结成团。此期室温应保持在 25℃左右。

（2）菇蕾期（原基期） 菌丝表面形成黄白色尖头状菇蕾（原基）。此期空气相对湿度应保持在 85% ~ 95%。

（3）伸展期 尖头菇蕾变为圆顶黄色，色素加深，渐变为黄褐色乃至黑绿色。此期需要较多的光照和水分，如果处于黑暗中，菌盖难以形成。

（4）开伞期 菌盖变大，色泽变浅，菌褶形成，此时要求空气相对湿度大，并应加强通风，排除二氧化碳。

（5）成熟期 菌盖展开，直径 6 ~ 10cm，并开始释放孢子。从原基出现到释放孢子需 10 ~ 15 天。

第二节　元蘑高效栽培技术

一 栽培季节

元蘑属低温型菌类，子实体形成需要温度为 7 ~ 26℃。东北地区通常 5 月接种，到 6、7 月菌丝长满整个栽培袋，但是此时温度较高，并不出菇，直到 8、9 月气温下降之后，才开始出菇。但由于我国南北方温度差异较大，因此各地必须按照当地气温的高低选择适宜栽培元蘑的季节，旬平均气温在 16℃左右时是栽培的适宜季节。

二 栽培场地

元蘑为恒温结实性菌类，子实体形成不需要变温刺激，对栽培场地选择并无严格要求。可利用一般空闲房屋作为室内栽培室。为提高空间利用率，可采用层架式袋栽法或墙式袋栽法。室外栽培可在田间或空闲场地搭建菇棚、大棚，外加盖草帘遮阴保温。

三 参考配方

1）阔叶树木屑 78%，稻糠或麦麸 16%，黄豆粉 2%，玉米粉

3%，石膏1%。

2）杂木屑75%，麸皮（米糠）20%，蔗糖1%，过磷酸钙1%，石膏1%，石灰2%。

以上配方的含水量要求在55%～60%之间，pH在5.5～6.5之间。

拌料重要的是拌匀，含水量适中。可以用人工拌料，也可以用拌料机拌料，先将石灰、石膏、麦麸等辅料干拌，然后与主料混拌，第一遍干拌、第二遍加水，含水量在55%～60%之间，即用手握培养料见指缝有水滴，但不滴下。

采用（15～17）cm×（33～55）cm×0.045cm的聚乙烯或聚丙烯塑料袋，要求塑料袋厚薄均匀，无折痕、无漏洞、耐高温、耐压力，装袋时要求上下培养料松紧一致，在装好的塑料袋中间打孔，松紧适度，袋口用无棉盖体或橡皮筋封口或将袋口拧一圈平折于料面，倒立于灭菌容器内，利用灭菌时的高温定型使袋口自然封上。

灭菌时，温度达到100℃时计时：冬季8～10h，夏季10～12h。灭菌过程中要随时向常温炉灶内加水或产气炉内补水，防止烧干锅后融袋或因压强减小造成的灭菌不彻底。锅内所补的水应为热水，以此来缩短灭菌时间。栽培袋出锅后移到接种室冷却接种。

1. 接种

灭菌结束后，取出料袋放在冷却室或接种室内冷却。当冬季气温在15℃以下，料袋内温度在30～35℃时，就要及时接种，趁热堆码菌袋，才有利于保温发菌；当气温在20℃以上时，则要将料袋温度冷却到30℃以下才能接入菌种，否则容易"烧菌"。

2. 接种应该注意的问题

（1）菌种选择及消毒 栽培种要求菌丝体浓白，粗壮，整齐，

第八章 元蘑

无杂菌，没有萎缩，不渗出黄水，无害虫，封口物无破损。

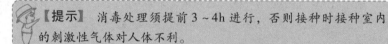

【小窍门】>>>>

> 菌种瓶表面用 70% ~ 75% 酒精或 0.1% 克霉灵或 0.25% 新洁尔灭等消毒剂擦洗，以除去表面杂菌，这样做可大大降低杂菌污染率。

（2）接种场所消毒 接种时通常选择在接种室或接种箱或接种帐内进行操作，接种帐就是用塑料布做成的像蚊帐一样的帐子，在帐内是密封的场所，可以通过点燃气雾消毒盒灭菌的方法进行消毒处理，或者每立方米用 14mL 甲醛与 7g 高锰酸钾混合产生气体来消毒。

【提示】 消毒处理须提前 3 ~ 4h 进行，否则接种时接种室内的刺激性气体对人体不利。

（3）接种 接种工具和容器用消毒剂擦洗消毒，或在酒精上烧灼杀菌后使用，金属的工具可以通过灼烧灭菌，其他的可以用酒精或消毒液进行消毒。消毒完之后，先去掉瓶口表层菌种，取下层菌种使用。打开培养料袋口，钩取出菌种放入袋口内并压实。然后，用已灭菌的报纸封口，或用绳子扎住袋口，但要求不要扎得过紧，要留出一些可透气的缝隙，一般每瓶菌种可接种 30 ~ 50 袋。接上菌种后，菌袋要及时进行保温培养发菌，让菌种萌发生长并长满料袋。

八 发菌

可以利用空闲房屋或简易棚等场所进行发菌，要求保温、保湿、通风性良好，周围环境洁净无污染、空气清新，远离污染源。接种完毕后，菌袋即可移入培养室发菌，培养室内需遮光，如果光线过多，容易抑制菌丝生长，并可能导致菌丝发菌后期过早形成原基。

在温湿度的控制上，要求室内温度前高后低，发菌初期培养室温度保持在 25 ~ 28℃，使元蘑菌丝迅速定植、吃料，生长较快。7 ~ 10 天后，菌丝便可封面，此时温度不宜过高，但也不能突然降低温度，应使温度逐渐降至 22 ~ 24℃。室内空气相对湿度应保持在 60%~70% 之间，过高易造成杂菌污染，过低易使培养料水分蒸发，造成培养料干缩。

【提示】 在通风环节上切不可麻痹大意，元蘑是一种好气性真菌，前期由于温度较低，人们往往为了保持适宜的温度而不进行通风，在移入培养室后 7~10 天未封面之前，由于生长缓慢，呼吸较少，可以不通风，但 10 天以后必须经常通风，使培养室始终保持空气新鲜，每天至少通风换气 1~2 次，每次 30min 左右。当温湿度过高时，应适当增加通风次数和通风时间。

元蘑菌丝培养阶段要十分注意定期观察菌丝生长情况，一旦发现有杂菌污染的，应及时挑出，及时处理，及时隔离。一般菌袋培养 40~60 天，菌丝就可长满全袋，再继续培养 10 天左右，使菌丝充分吸收和积累大量营养物质，以达到生理成熟。生理成熟的标志是菌袋表面出现黄色色素膜，重量轻了许多，袋体稍微变软。这时就可以进行开口出菇管理。

九 出菇管理

打开袋口，竖立排放在室内床架上（彩图 14），每平方米可排放 90~100 袋，或将菌袋堆放在大棚内的畦床上，每堆排两行，袋底相对，袋口向外，每堆堆放 4~5 层，形成两个出菇面。

1. 温度

元蘑子实体发育的最适温度为 15℃，高于这个温度，子实体的发生和生长速度缓慢；高于 20℃ 子实体停止发生，生长速度缓慢。低于 15℃ 子实体易发生，但生长速度缓慢，子实体颜色为紫灰色，厚。

2. 湿度

开袋后要对菇房（棚）喷水保湿，使空气相对湿度提高到 85%~90%，促进菇蕾发生。现蕾后，空气相对湿度要提高到 90%~95%。竖袋培养时（彩图 15），要防止袋内有积水，若有积水要及时倒掉，否则易使培养料腐烂变黑，影响菇蕾形成，或造成菇蕾腐烂。

3. 光照

元蘑子实体发育阶段需要一定的散射光。光照强度为2500lx以上，即三分阳七分阴。一般用透光度为70%的遮阳网覆盖在简易棚的上面。光照不足会影响子实体的分化，也影响子实体生长及其重量与颜色（子实体发白）。对元蘑栽培菌袋也不能强光直射，强光直射可使菌丝体长势衰弱，还会诱导绿色木霉的发生。

4. 空气

元蘑是好气性真菌，子实体发育过程中需要大量的氧气。在子实体分化和生长过程中要经常通风换气，补充氧气的消耗。气温低时，一般在中午通风；气温高时，一般在早晚通风。

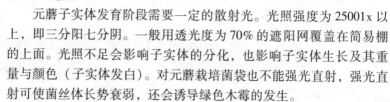
采收

从菇蕾出现，通过浇水，控制温度、湿度、光照和空气经15～20天就进入了子实体成熟期。子实体成熟的标志是子实体平展，边缘由光滑变为波浪状，上面由紫黄色变为杏黄色、密布稍浅色的毛，下面菌褶展开，并开始散放孢子。子实体成熟时开始采收，将采收下来的子实体菌褶向上进行晾晒（彩图16）。

第九章
秀　珍　菇

秀珍菇（肺形侧耳）又名珊瑚菇、袖珍菇、迷你蚝菇等，属担子菌亚门、层菌纲、伞菌目、侧耳科、侧耳属，原产于印度，是热带和亚热带地区的一种食用菌，因菌柄长为 5~6cm，菌盖直径小于 3cm，所以称为秀珍菇。经过分离和人工栽培，证实其是一种高产优良食用菌，且菌丝生命力极其旺盛，具有很强的腐生能力，可以在稻草、麦秆、香蕉秆、废棉、茶叶渣等各种植物残渣上生长，极易进行人工栽培。

秀珍菇因外形悦目、鲜嫩清脆、味道鲜美、营养丰富而获食客好评。秀珍菇富含蛋白质、糖分、脂肪、维生素和铁、钙等微量元素，含人体必需的 8 种氨基酸。秀珍菇还具有保健功效。据医学界报道，秀珍菇具有消积化瘀，清热解毒，治疗胃病、伤寒等功效，同时还有降低血压和预防动脉硬化的作用。其所含维生素 D 是其他菌类所不及的，也是预防儿童佝偻病、软骨病，中老年骨质疏松的辅助食品。近年来，秀珍菇在我国北方栽培面积较大，主要加工成盐渍菇出口外销。随着我国对外贸易事业的发展，以及世界菇类产业结构的变化，秀珍菇栽培将具有广阔的前景。

第一节　生物学特性

一　形态特征

1. 菌丝体

菌丝体在 PDA、原种培养基和栽培培养基中均呈白色、纤细绒毛状，气生菌丝发达。菌落外观较普通平菇菌丝细、薄，平坦、舒展。菌丝生长过程中，在显微镜下能明显地观察到菌丝的锁状联合。

2. 子实体

秀珍菇子实体单生或散生（彩图 17），与大多数丛生或簇生的平菇相异，也是与姬菇相区别的重要特征。子实体菌盖多数为 3~6cm，呈扇形、肾形、圆形、扁半球形，后渐平展，基部不下凹，成熟时常有波折，盖缘薄，初内卷、后反卷，有或无下沿，灰白色或灰褐色、表面光滑，菌肉厚度中等。菌褶延生、白色、狭窄、密集、不等长，髓部近缠绕形。菌柄白色，多数侧生、间有中生，上粗下细、宽 0.4~3cm 或更粗，长 2~10cm，基部无绒毛。

二　生态习性

秀珍菇是由我国台湾省科研机构从人工栽培品种中选育出，而非野生分离驯化的。个别报道指秀珍菇分布于亚洲的热带、亚热带地区，甚至称福建、云南、江西等地有野生秀珍菇分布，估计是因误用糙皮侧耳、白黄侧耳等种名造成。

三　生长发育条件

1. 营养条件

（1）碳源　一般由麦秸、豆秸、玉米芯、木屑、玉米秆、棉籽壳、作物下脚料提供。

（2）氮源　一般由麸皮、米糠、豆饼、玉米面等辅料提供，添加量为 20%~25%。

> **【注意】**　尿素化肥不宜加多，一般添加量不超过 0.3%。过量使用，不仅增加成本，而且挥发的气体会对菌丝产生抑制作用，严重时会造成菌丝死亡，而鬼伞（狗尿苔）却因此大量发生蔓延。

(3) 微量元素 添加2%的复合肥即可满足。

2. 环境条件

(1) 温度

1) 菌丝。菌丝生长的温度范围为7～30℃，最适宜温度为22～25℃。温度低于5℃，菌丝停止生长，但不会死亡；低于15℃，菌丝生长极其缓慢，呈气生状；低于20℃，菌丝生长缓慢。温度高于27℃，菌丝生长慢、稀疏，色泽变黄，易于老化；温度高于35℃，菌丝会死亡。

2) 子实体。子实体生长的温度范围较广，在10～32℃条件下都能出菇，这是与其他侧耳不同的地方。原基形成和菇蕾生长的最适宜温度是12～20℃，给予一定的温差刺激会使子实体分化加快，出菇整齐，产量增加，一般给予温差10℃处理即可，处理时间约24h，2天后可出现大量原基。温度低于10℃，很少再产生原基；低于15℃，子实体生长缓慢；温度高于25℃，菇蕾生长快，成熟早，菌盖成熟时多呈漏斗状。

(2) 水分 秀珍菇是喜湿性真菌，一般菌丝生长期要求培养料含水量为55%～65%，空气相对湿度一般应掌握在60%～70%，空气相对湿度大，病虫害严重，污染率大。培养料含水量低，菌丝生长会受到抑制；含水量过高，则培养料的密度增大，透气性差，使菌丝生长衰弱无力。含水量以手握紧料，水珠从手指缝间渗出而不下滴为宜。秀珍菇在原基分化和子实体发育时，菌丝代谢活动比生长时更旺盛，因此需要比菌丝生长时更高的空气相对湿度，一般要求在85%～95%，空气相对湿度低于80%，子实体生长缓慢，瘦小易干枯；空气相对湿度大于95%时，菌盖易变色、腐烂。

(3) 空气 秀珍菇为好氧真菌，菌丝体阶段，对二氧化碳有一定的耐受力；子实体阶段，则需要有良好的通气条件，如果空气中二氧化碳含量高于0.1%，极易形成菌盖小、菌柄长的畸形菇；子实体伸长期，需保持一定量的二氧化碳，特别是在袋口局部环境，可促进菇柄伸长，限制菌盖长得过大。

(4) 酸碱度 秀珍菇菌丝在pH为3～7范围内均能生长，但以pH为6.0～6.5最好，但配料时为防止杂菌侵染，一般配成pH为

7.5～9.0，因为在发酵过程中 pH 会逐渐降低。

（5）光照 菌丝生长阶段以黑暗条件最好，较强光线（主要是蓝光）对菌丝生长有抑制作用，造成出菇不整齐、产量低；子实体阶段对光要求敏感，出菇阶段需要有一定的散射光来诱导出菇使菇体发育，无光条件下子实体难以形成；但强烈的直射光会危害菌体，以 500～1000lx 的散射光为宜（标准：三分阳七分阴为好）。子实体伸长期、成熟期，减弱光照强度，会使菇盖颜色变浅。

第二节　秀珍菇高效栽培技术

一　栽培季节

根据秀珍菇菌株的生物学特性及不同地区的气候条件，确定栽培季节，一般在春、秋季栽培较多。大棚栽培秀珍菇，除了在 1、2、7、8、12 月不能正常出菇以外，其他季节都可以出菇，而在 1 月和 2 月可以进行秀珍菇的菌袋生产，因此，一年中可以有 9 个月用于秀珍菇的栽培生产。如果辅以一定的加温设施，在温度较低的月份也可以进行秀珍菇的生产。

二　栽培原料选择和配方

秀珍菇栽培可采用木屑、棉籽壳、玉米芯、稻草粉、作物秸秆等原料，必须新鲜、无霉变、无虫蛀、不含农药和其他化学药品，栽培前最好放在太阳下曝晒 2～3 天，杀死料中的杂菌和害虫。参考配方如下：

1. 参考配方

1）棉籽壳 80%，麸皮 10.7%，玉米粉 5%，过磷酸钙 1%，石膏粉 1%，石灰 1%。另加糖 1%，磷酸二氢钾 0.2%，硫酸镁 0.1%。

2）稻草粉（粉碎成绒状）70%，麸皮 25.7%，糖 1%，石灰粉 3%，磷酸二氢钾 0.2%，硫酸镁 0.1%。

3）棉籽壳 75.7%，麸皮 20%，过磷酸钙 1%，石膏粉 1%，石灰粉 1%。另加糖 1%，硫酸镁 0.1%，磷酸二氢钾 0.2%。

4）玉米秆粉 30%，麦秸粉 30%，棉籽壳 20%，麸皮 17%，石灰 3%。

5）棉籽壳 50%，木屑 30%，麸皮 17%，石膏粉 3%。

6）豆秸粉 60%，杂木屑 20%，麸皮 17%，石灰 3%。

7）木糖渣 50%，玉米芯 20%，棉籽壳 20%，麸皮 10%。

2. 注意事项

木屑必须先过筛，去除木块、木片，防止其刺破塑料袋。利用专门的机器将稻草切成 3 ~ 4cm 长，置于 pH 为 11 的石灰水中，浸泡 48h 后捞出，用水冲洗，使 pH 降至 7 左右，然后沥干多余水分。棉籽壳和麸皮最好在日光下曝晒 2 ~ 3 天后备用。

> 【注意】 使用木糖渣、酒糟、茶梗等食品加工废渣生产秀珍菇等侧耳类珍稀菌，因不同厂家、不同废渣原料的 pH 不同（一般酸性较大），一定要用石灰粉（石灰水）将培养料的 pH 调至 9 ~ 10 后，再用于栽培生产。

三 栽培场地

菇房应选择通风良好、清洁，四周没有杂草和臭水沟等菌蝇和菌蚊滋生的场所。菇房内应安装通风设备，门窗均应安装细眼纱网，以防蝇蚊类进入。另外还有闲置鸡舍、日光温室、废旧房屋等均可出菇，但注意菇场要保持清洁、有光线，能保温、保湿，通风换气方便，只要设计合理，再结合必要的措施，一般可周年利用。

四 菇房建设

生产秀珍菇的菇棚可选择竹木墙式大棚，东西走向，宽 12m。地面要求混凝土浇灌，向两侧呈 1% 坡度倾斜，以利于排水；棚边高不低于 2.5m，中部不低于 4m，以利于空气流通，避免棚内温度过高；棚顶为八字形，开口距离 1m，其上距离 50cm 处搭盖开口直径为 2m 的人字顶或拱形顶，棚顶至地面覆盖 0.08cm 厚的塑料薄膜，上面再覆盖油毛毡或 2cm 厚密织草帘，所有透气孔和门窗必须遮盖 25 目的塑料防虫网，夏季在棚的外围覆盖遮光率为 90% 的遮阳网；在大棚内部通道的两侧，按每批次出菇菌袋量，分别搭建边高 2.2m、中高 2.7m、宽 5m 的室内小拱棚，覆盖薄膜以形成各个相对独立的小区域；栽培架与通道垂直排列，间隔 0.8m；底层支撑杆距地面 20cm，向上间隔 60cm 设固定支撑横杆，防止菌袋层叠放不平

第九章 秀珍菇

159

而倒塌；每座菇房容量控制在 20000～30000 袋，太小，棚内环境不易控制，太大，则管理不便。

五　菌种选择

秀珍菇菌种在连续转代扩管繁殖过程中容易退化，这是秀珍菇栽培过程中抗性差、产量低的根本原因，因此，对母种的保藏和复壮尤为重要。每年必须挑选优质健壮的子实体进行组织分离、提纯复壮，并经出菇试验确保正常后才可供应使用。因此，栽培者应向有资质、信誉良好的正规供种单位购买菌种。

> 【提示】　购买母种时，要求菌丝粗壮、脉络分明、洁白、无污染；原种以杂木屑和棉籽壳培养基质为好；栽培种宜选麦粒菌种（熟料栽培），因麦粒营养丰富全面，转接菌袋后萌发快、定植快，菌袋染菌率低，这一点在春季制袋生产时尤其重要，菌龄以满瓶后 5 天的为好。

六　高效栽培技术要点

1. 拌料

拌料时，以在水泥地面进行最好，首先将主料和各辅料按配方称好，复查无误后，开始拌料。然后把石灰、石膏、磷肥、玉米面、麸皮等干拌（也可适当加点主料）混合均匀，再与主料（棉籽壳、玉米芯等）拌在一起，力求均匀，而后将生长素、磷酸二氢钾、尿素等溶入水中，均匀地喷到料堆上。边加水边翻料，需翻堆 2～3 遍（用拌料机除外），以便主辅料均匀、水分均匀、酸碱度均匀。水不可一次加量太大，应逐渐加入（视原料而定）。

> 【小窍门】>>>>
>
> → 含水量感观标准：料拌匀吸水后，抓一小把料用力握，以手指缝中有水渗出且略滴下 2～3 滴为适度，即含水量为 60%～65%。在拌料过程中，应从不同处取料测 pH，pH 应在 9～10 为好，最终要求发酵灭菌后，料的 pH 为 7.5～8.0。

2. 装袋灭菌

秀珍菇的栽培方式有熟料栽培和发酵料栽培两种形式。

【提示】 采用熟料袋栽方式，原料经高温灭菌后，纤维素、木质素的结构发生了变化，有利于菌丝体分解吸收利用，可缩短转潮期；而采用发酵料袋栽能够减少灭菌环节，降低劳动强度和栽培成本。

(1) 熟料栽培 采用规格为 17cm×33cm 的聚乙烯塑料袋，装干料 400～500g，当天装袋当天灭菌。一般采用常压灭菌法，当温度上升到 100℃ 稳定后，继续保温 8～10h，出锅冷却到 28℃ 以下时即可按无菌操作要求进行接种。

(2) 发酵料栽培 将拌匀后的培养料堆成高 1m、上宽 1～1.2m、下宽 1.5～2m、长度不限的梯形堆，中心与斜面用木棒每隔50cm 打孔至料底，以利于通气，用麻片及草苫盖好。当发酵温度达到 70℃ 左右时保持 24h，然后进行翻堆。

1）翻堆的目的。调节堆内的水分条件和通气条件，促进微生物的活动，加速物质的分解转化。

2）翻堆的标准。内倒外，外倒内，上倒下，下倒上。

3）翻堆的水分调节。采取"一湿、二润、三看"的原则，即第一次翻堆时水分要加足，第二次翻堆时适当加水，第三次翻堆视料的本身干湿来决定是否加水，使其湿度控制在 65% 为宜。

翻堆后发酵至温度再次达到 70℃ 时保持 24h 后，再次翻堆，如此3 次。待料温降至 28℃ 时进行装袋接种，选用规格为（45～50）cm×22cm 的低压聚乙烯塑料袋。

3. 菌袋培养

(1) 菌袋摆放方式 将培养室打扫干净并消毒。菌袋在培养室内的排放方式有以下两种。

1）架式排放。菌袋放在培养架上（图 9-1），可充分利用空间。培养架宽 40cm 左右，层间距离 50cm，架间过道 65cm 左右。当气温低时，长 45～50cm、宽 22cm 规格的菌袋，每层架排放 3～4 层；当气温高时，排放 2～3 层。

第九章 秀珍菇

2）地面墙式排放。堆放的层数及两排菌袋间的距离大小视气温而定（图9-2）。当气温低时，可堆6～8层，两排间距离15cm左右，可盖薄膜保温；当气温高时，可堆2～3层，两排间距离50cm左右，也可将菌袋单层竖放。

图9-1　菌袋上架培养

图9-2　菌袋地面墙式培养

（2）培养　菌丝培养时的温度以20～25℃为宜，不要超过28℃，但也不要低于15℃。当温度超过30℃时，要通风换气或散堆降温。培养室要尽量保持黑暗，空气相对湿度不要超过80%，湿度偏高容易引起污染。菌丝培养过程中经常检查污染情况，发现污染的要及时拣出。正常情况下，经25天左右，菌丝可长满全袋。长满全袋的时间与气温、培养基及菌种等有关。

【注意】　在注意气温的同时，更要注意菌袋内的料温，因为菌丝生长过程中会产生热量，引起料温升高，有时料温会比气温高出3～5℃，造成"烧菌"或烧堆现象，引起绿霉菌的大量污染，初学栽培者或大规模栽培时要特别注意。

秀珍菇菌丝长满袋后再继续培养7～10天，使菌丝达到生理成熟，积累养分后就可运到菇房出菇。

4. 出菇管理

（1）出菇前准备工作　为便于管理，出菇房要求能通风、保温、保湿、干净卫生，菇场边无垃圾、无粪便、无臭水沟。菌袋搬进前要先用低毒、高效杀虫剂对整个菇房喷雾灭虫一遍，而后再用杀菌剂进行灭菌。

灭菌5天后就可把成熟的菌袋搬进菇房出菇，栽培方式有层架堆垛式（适用于工厂化规范立体栽培，如图9-3所示）、落地堆垛、畦床立袋排放、畦床脱袋埋土等。

图9-3　秀珍菇层架堆垛式栽培

【提示】　无论使用何种栽培方式，菌袋搬进前，都要对已消毒灭虫过的菇房（棚）先预湿，即在床架、墙壁、地面大量喷水，增加整个菇房（棚）的湿度。另外，在菇房（棚）中布置2~3个杀虫灯，以便监控虫口密度。

(2) 出菇管理　菌袋进房后养菌2天，沿颈圈将塑料袋割掉，刮去老化的菌种或肥大的原基，菇房的空气相对湿度保持在90%连续3~5天，温度保持在23~25℃，每天给予一定的散射光。此时菇房应该勤喷水，小通风。

打开袋口，并拉直袋口薄膜立体出菇。出菇期管理的好坏，直接影响到产品的质量。管理的总要求：前期促原基大量分化，以实现群体增产；中期保分化的原基都成熟，以提高成菇率；后期促子实体敦实肥厚，以提高单朵重量，多产优质菇。具体方法如下：

1) 原基分化阶段。在菌丝达到生理成熟和每潮菇采后的养菌期，要拉大温差，把环境温度降低到5~10℃，并给予适量的散射光线，促料面菌丝倒伏，充分扭结，分化出大量的子实体原基。拉大温差的方法如下：

① 室内：可用空调降温。

②阳畦：晚上将草帘卷起，薄膜敞开，并向料面喷雾状冷水，让夜间的冷空气吹袭料面；在早晨气温回升前，向料面喷适量雾状水，以料面不积水为宜，然后盖好薄膜和草帘，用木棒将薄膜支高10～15cm，为阳畦的通风口。

③普通菇房和大棚：晚上将门窗和通风口全部打开，使空气对流。

一般经连续5～7天的温差刺激，料面即可出现大量原基。

2）菇蕾形成阶段。在菇蕾形成期，对环境的适应性较差，所以这阶段栽培场所内要尽量减少温、湿差，气温在12～17℃，湿度在85%～90%，每天喷水3～5次，发现料面有积水，要及时用海绵吸干。采用阳畦栽培的，通风口为5cm高；采用室内栽培的，通风口要错开，以防冷空气直接吹袭菇蕾。总之要稳定环境条件，确保提高成菇率。

3）子实体生长阶段。当菇蕾长到山枣大小时，对环境的适应性开始增强，这时气温可在5～20℃之间，湿度可在75%～95%之间，在此范围内温度、湿度越大，子实体长得越肥厚、敦实（图9-4）。采用阳畦栽培的，白天可把通风口支高5cm，晚间支高10～15cm；采用室内栽培的，夜间打开门窗、通风口，白天关闭一部分门窗、通风口，使栽培场所内

图9-4　秀珍菇子实体生长阶段

白天温度、湿度高，夜间温度、湿度低，以促使子实体敦实肥厚，提高单朵重量。

5. 采收及采后处理

秀珍菇长至七成熟、菌盖直径3cm左右即可采收，采收前适当停止喷水。采收方法：一手按住菌袋，一手抓住菌柄，将整丛菇旋转拧下，去掉菌柄基部的培养料（图9-5）。采菇后，去除料面的老根和一些没有分化的原基，可直刮至新鲜的培养料，刮完后不可直

接向料面喷水。如果菇房中出菇不太整齐，则需将新采完的菌袋转移，以方便其他菌袋的出菇管理。

借鉴果蔬保鲜技术，采用简易包装、冷藏、低温气调贮藏等方法进行秀珍菇储存（图9-6）。其中简易包装是将菇包装于塑料食品盒、有孔小纸箱中，这种方式简便易行、成本较低，适用于短期保鲜的需要，结合冷藏保存，一般可以保持10天不变质，外观形态也基本无变化。

图9-5　秀珍菇子实体修整　　　　图9-6　秀珍菇简易包装

6. 转潮管理

采用层架栽培方式的，在一潮菇全部采完后，最好当天能全部刮净（刮去表面老根与枯死的幼菇及菇蕾，这些地方最容易受双翅目害虫的危害而烂袋），此时菇房的湿度只要维持在70%~80%即可，这样做的目的就是让培养料表面干燥一点，可以防止杂菌的大量发生及部分虫卵的孵化（太干燥时每天可用喷雾器稍稍喷一点细雾），在此条件下养菌7~10天。

采用层架出菇方式的，第二潮菇出菇前可对菌袋进行浸水处理（处理措施是用刀刮去表面稍干的培养料，这样处理有两个目的，一个是去除表面可能携带的一些虫卵与病斑；另一个是增加菌袋在短时间内的吸水性，一般一天的浸水可使菌袋增水30~50mL，这就为出好下一潮菇提供了水分的保证），此时有杂菌的最好能分开处理，以防交叉感染。畦栽覆土的土面要保持不干不湿。

补水后有条件的给予菇房菌袋10℃以下的低温刺激1~2天（将

菌袋从冷库中搬出后，尤其要注意保湿处理，可以重新搭上无纺布随时喷水保湿），或昼夜10℃左右的温差刺激3天，同时抑制杂菌生长。这个时间可以对菇房进行清洁处理，也可以用杀虫剂控制一下虫口密度。待菇蕾再次显现后，管理同第一潮菇，此时通风与保湿显得尤为重要。

【提示】 第三、第四、第五、第六潮菇的管理同第二潮菇，关键是：只有在养菌与增水的处理上合适，才能达到稳产高产。

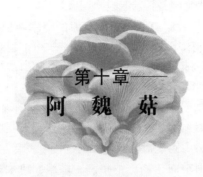

第十章

阿 魏 菇

阿魏菇又名阿魏侧耳、阿魏蘑，属担子菌亚门、层菌纲、伞菌目、侧耳科、侧耳属，因发现该变种发生于阿魏属 *Ferula* 植物的植株而命名，我国新疆地区民间将其俗称为阿魏蘑。阿魏菇是生长在新疆干旱草原上的优美野生食用菌，菌肉肥厚，组织致密，质地脆嫩，甘醇可口，被认为是野生食用菌中的上品。

阿魏菇与中药阿魏（Asafoetida）具有相似的药用功能，有消积、杀虫、镇咳、消炎作用，可治疗腹部肿块、肝脾肿大、脘腹冷痛及妇科肿瘤等症，并能提高机体免疫功能。民间常用阿魏侧耳干品 1 ~ 1.5g，加水煎服，用来治疗胃病、伤寒和产后血瘀。据《日华子本草》记载，我国古代还将阿魏菇用于毒草中毒防治。

第一节 生物学特性

一 形态特征

子实体单生或丛生。菌盖初凸起，后渐平展，中间逐渐下陷呈歪漏斗状，直径 6 ~ 13cm，白色，个别的更大，盖缘微内卷（彩图18）。菌肉白色，中间厚，边缘渐薄。菌褶密集，延生，浅黄白色至奶白色。菌柄偏生，粗 4 ~ 6cm，长 3 ~ 8cm，上粗下细或上下等粗。表面光滑，色白。

二 生态习性

阿魏侧耳在春末夏初生于干旱草原的草本药用植物阿魏滩上，产地气候干旱少雨多风沙，盛产期是在一年中雨量最高的 4～6 月。当阿魏草刚长出嫩芽，阿魏侧耳子实体已紧贴地面从死亡的阿魏根茎上长出，阿魏侧耳为腐生菌，但也能在活的植物上生长，兼营寄生生活。阿魏侧耳的自然分布与草本药用植物阿魏的分布相一致，似乎与所含的阿魏酸及其酯类有关。这种具有大蒜样臭味的化合物有杀虫、驱虫功效，可能对阿魏侧耳的定植生长具有保护作用。

野生阿魏侧耳分布于新疆的伊利、塔城、阿尔泰、青河、托里和木垒等地，以及意大利、西班牙、法国、土耳其、捷克、匈牙利、伊朗、阿富汗、哈萨克斯坦、吉尔吉斯斯坦、乌兹别克斯坦、突尼斯、摩洛哥、中非、巴基斯坦和印度的克什米尔地区。

三 生长发育条件

1. 营养条件

经过多年的人工驯化和菌种选育，目前阿魏侧耳可广泛利用棉籽壳、木屑、甘蔗渣和稻草等进行栽培，其中以棉籽壳的栽培效果最好。在栽培原料中添加适量的米糠、麦麸、大豆粉、饼粉等以补充其氮素营养，可提高栽培基质的全氮转化率，提高产量和子实体中蛋白质的含量。在各种添加物中，以大豆粉为最好，苜蓿干草和麦麸次之。

2. 环境条件

（1）温度 菌丝生长温度范围为 5～32℃，最适温度为 24～26℃。人工栽培条件下子实体在 8～25℃均可形成，适宜温度为 15～20℃，以 15℃生长最佳。但不同菌株的适温范围有一定差别。

（2）湿度 培养基含水量以 60%～65% 较合适。子实体在空气相对湿度为 87%～95% 时发育正常。阿魏菇个头大，菌肉厚，抗旱能力比其他菇强。

（3）空气 阿魏侧耳为好氧性菌，在菌丝生长阶段和子实体发育阶段都要求提供新鲜空气，尤其是在子实体形成时，其代谢旺盛、呼吸强烈，需要大量氧气。若通风不良，子实体发育受阻，在空气静止的高温高湿环境中，还会引起菇体腐烂、发臭。

（4）光线 菌丝体生长不需要光线，原基形成和子实体发育需要 200 ~ 1500lx 的散射光，不同品种对光线要求不同。如果光线过弱，往往形成畸形菇，菇柄细长、菌盖小。

（5）酸碱度 阿魏植物生长的土壤为棕钙土，pH 为 8.0 ~ 8.5。在人工培养基上，菌丝在 pH 为 5 ~ 9 之间均可生长，以 pH 为 6.5 最好。

（6）土壤 在培养料面覆盖 2 ~ 3cm 厚的湿土，对阿魏侧耳子实体原基形成有明显的刺激作用，其作用机理是由于水分的作用，还是土壤中微生物的刺激，或是其他因素的作用，还有待研究。

第二节　阿魏菇高效栽培技术

一　栽培季节

阿魏菇的栽培季节要根据其出菇温度进行合理安排。阿魏菇出菇温度为 8 ~ 20℃；气温降至（上升至）15 ~ 20℃前 40 ~ 50 天装袋、接种最适宜。一般秋栽在 8 月中旬 ~ 9 月底接种，11 月中下旬 ~ 第二年 4 月为出菇期；春栽可在 12 月 ~ 第二年 2 月装袋接种，3 ~ 4 月出菇。

二　栽培场地

栽培场地应选择在通风良好，水源充足，无污染的地方。闲置的房屋、简易菇棚、蔬菜大棚等都可利用，应尽量满足阿魏菇在发菌期和出菇期对环境条件的要求。

三　培养基配制

阿魏菇菌丝体浓密粗壮，穿透力强，能充分分解和利用基质营养，发挥高产优势，最适宜高氮配方栽培。

其栽培配方：棉籽壳 77%、麸皮 12%、玉米粉 8%、糖 1%、石膏 1%、过磷酸钙 1%，每 100kg 料可加酵母片 0.05g，料水比为 1:1.3。

【提示】 高温季节制袋时，可在料中加入 0.2% ~ 0.5% 的石灰，以防止培养料酸败。采用搅拌机或人工拌料，要求原料水分混合均匀，拌匀后直接装袋灭菌或发酵后装袋灭菌。

四 装袋灭菌

阿魏菇采用袋栽较为适宜，用 20cm×36cm×0.04cm 的聚丙烯或聚乙烯塑料袋，每袋装湿料 2.3kg 左右（干料约 0.8kg），料高 20cm，装袋后 6h 内入锅灭菌，以防栽培料酸败。

用常规方法灭菌，料袋可于聚丙烯塑料筐中堆放，以利于通气。常压灭菌，100℃时保持 8 ~ 10h 后停火，自然降温到 60℃时出锅，自然冷却到 28℃时按无菌操作接种。

五 无菌接种

接种室（帐）要保持清洁、干燥，使用前 1 周用甲醛、高锰酸钾或气雾消毒剂熏蒸消毒，每立方米空间用 10mL 甲醛 +5g 高锰酸钾或 2 ~ 3g 气雾消毒剂。接种前将灭过菌的菌袋、接种工具、菌种、酒精灯等搬入接种室（帐）后，打开紫外线灯照射 40min 或用气雾消毒盒熏蒸，然后开始接种。

接种要严格按无菌操作规程进行。挖去菌种瓶（袋）内表层 2cm 厚的老化菌种，平放备用，将料袋直立，打开袋口，从菌种瓶（袋）内挖取红枣大小的菌种 1 块，迅速放入袋内，轻轻压实后扎口，然后倒过料袋用同样方法接种、扎口，袋口不可扎得太紧，以免因通气不良影响发菌。

【提示】 接种时动作要迅速，快解袋口，快接种，快扎口，每接 1000 袋要在 4 ~ 5h 内完成，一批料袋应一次接完，中间不要随便开门进出，接好种的菌袋运出后，及时清理工具、杂物，打扫卫生，装入下批料，重新消毒后继续接种。

六 发菌管理

接种后将菌袋单排码放在消过毒的培养室内发菌，低温季节可采用双排码放，一般码4~6层，要求室温22~25℃，湿度在70%以下，暗光培养。经2周左右进行第一次翻堆检查，挑出污染袋。接种后3~4周菌丝生长快，呼吸旺盛，此时要适当松动一下袋口扎绳以供氧，并注意室内通风降温。袋温最好保持在25℃左右，最高不得超过28℃，以免造成"烧菌"。经7周左右，菌丝基本发满袋，可进行第二次翻堆，将菌丝已长满的和未长满的菌袋分开摆放管理。

【注意】 发满的菌袋不会立即出菇，要在袋温15~18℃、相对湿度70%左右、空气新鲜的环境中继续培养30~40天，当菌丝浓白、菌袋坚实、达到生理成熟时进行催蕾出菇。

七 出菇管理

对长满菌丝的菌袋要分批进行出菇管理。出菇采用层架式或一般菇房地上码垛墙式栽培。入棚出菇的菌袋，给予充足散射光，温度控制在0~13℃，昼夜温差保持10℃以上连续7~10天，袋口料面菌丝扭结形成子实体原基，此时室内要保持一个较恒定的温湿度，使其原基顺利分化。当原基呈黄豆粒大小时，去掉袋口扎绳。原基超过蚕豆粒大小时，把袋口松开进行疏蕾，每袋保留1~3个健壮菇蕾。

子实体生长期间，菇棚温度控制在8~20℃，当温度高于20℃时，原有子实体菇柄会变软，培养基表面组织萎缩腐烂。湿度控制在85%~95%，保湿最好用喷雾器向地面或墙壁喷雾，不要将水直接喷在菇体上，防止菇体变黄。经常通风换气，保持棚内空气清新，给以散射光。阿魏菇长大后，一般每个袋口留1~2个菇体。适当疏蕾可提高质量等级标准，增加经济效益，生物学效率可达30%左右，二潮菇出菇较少。

八 采收

一般情况下，阿魏菇从原基出现到子实体成熟8~12天即可采收。当阿魏菇菌盖保持内卷，孢子尚未弹射时，即应及时采收，切忌喷水，否则，易引起腐烂变质，降低等级。采收时，手握菌柄整朵拔起，切掉根部培养基，轻拿轻放，减少碰撞。

【提示】 为了保持菇体外观完好，延长货架保鲜期，应在3天之内，使用专用包装材料随采收随包装随运输。否则，在常温下超过保鲜期，会失去商品价值。

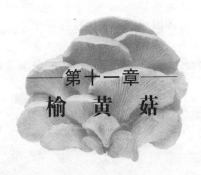

—第十一章—
榆 黄 菇

榆黄菇又名金顶侧耳、玉皇蘑、金顶蘑、榆茸（日本），属伞菌目、侧耳科、金顶侧耳属。榆黄菇香味浓郁，口感脆嫩，营养丰富，含有蛋白质、脂肪、碳水化合物以及多种维生素等营养成分，尤其是人体必需的8种氨基酸含量丰富，特别是谷氨酸和赖氨酸含量较高。

榆黄菇既是美味食用菌，又是具有滋补作用的药用真菌，其性甘、温，具有润肺生津、补益肝肾、充盈经血、濡养肌肉、疏通经络的功效。其子实体含多糖类、类固醇、酯类、脂肪类化合物，均有生理活性，具有明显降血脂、降低胆固醇、平喘和增强机体免疫功能，是老年心血管病患者和肥胖症患者的理想保健食品。

第一节 生物学特性

一 形态特征

榆黄菇子实体多丛生或簇生，呈金黄色（彩图19）。菌盖喇叭状，光滑，宽2~10cm，肉质，边缘内卷，菌肉白色。菌褶白色，延生，稍密，不等长。菌柄白色至浅黄色，偏生，长2~12cm，粗0.5~1.5cm，有细毛；多数子实体合生在一起。

二 生态习性

榆黄菇为木腐菌，喜温暖潮湿环境。常发生在桦、栎、核桃、杨、柳等阔叶树的枯腐木上。

榆黄菇自然分布区域较窄，我国主要分布于黑龙江、吉林、辽宁，在河北、内蒙古、山西、四川、广东、贵州、西藏等地区也有不同程度的自然分布。国外见于亚洲地区的日本等地，及欧洲、北美洲和非洲。

三 生长发育条件

1. 营养条件

榆黄菇为木腐性食用菌，榆、栎、槐、桐、杨、柳等阔叶木屑和棉秆、棉籽壳、玉米芯、甘蔗渣、砻糠、玉米秸、豆秸等农副产品都能满足其对碳源的需求，其中以棉籽壳、豆秸、玉米芯的产量较高，以适生树种木屑栽培的风味最好。生产中以玉米粉、麦麸、米糠、饼粉等含氮物质为辅料，以提供生长发育所必需的氮源。

2. 环境条件

（1）温度　榆黄菇菌丝对温度的适应范围为 5～30℃，最适温度为 10～26℃；子实体生长温度适应范围为 16～26℃，最适温度为 22℃。榆黄菇属中高温型恒温结实菇类，出菇无须温差刺激。在恒温培养下，子实体分化快，发育周期缩短，产菇多，生物效率高；在 4～10℃变温条件培养下，反而会推迟子实体分化时间，产量稍有下降。

（2）湿度　培养料含水量以 60%～65% 为宜，空气相对湿度为 70% 左右；子实体形成阶段空气相对湿度要求为 90%～95%，子实体生长阶段以 85%～90% 为适宜。

【提示】　当空气相对湿度大于95%时，菇蕾常密集成丛发生，生长畸形，柄长、盖小，盖脆而易碎，并易发生病害。

（3）光照　菌丝生长阶段不需要光线，黑暗条件下菌丝生长速度更快。子实体形成和发育需 150～1000lx 散射光，但不能有直射光。

【注意】　榆黄菇子实体生长有趋光性，因此生长过程中不要变换光源方向，以免子实体畸形。

（4）空气 榆黄菇是好氧性菌类，菌丝发育期需要一定的氧气供给才能生长良好，子实体生长发育期更需要充足的新鲜空气。菇房中二氧化碳含量大于 0.1% 时易造成菇体畸形，影响品质和产量。

（5）酸碱度 榆黄菇喜偏酸性生长环境。菌丝生长阶段 pH 范围为 4.0~8.0，最适为 6.5，pH 在 4 以下或 8 以上出菇有困难，出菇时最适 pH 为 6.0~6.5。

四 榆黄菇子实体的生长发育过程

1. 桑葚期

菌丝体在基质中分化、集合、扭结分化成白色团块状原基，直径为 1~4cm，表面凹凸不平。随着体积增大，团块上出现米粒状隆起物，颜色由白变黄，隆起部位色更深，需 2~3 天。

2. 钉形期

团块上米粒状的隆起物增大，长逐渐延伸，呈钉形，上面形成平整、圆形、黄色菌盖，下面为圆柱形白色菌柄，菌柄中生，粗 0.2~0.5cm。在菌盖分化后即形成菌褶，呈隆起的网脉状，高低不一，略平行。此时用力刮取菌褶，在显微镜下观察可见孢子。菌盖表面往往贴附有白色残余组织。随着子实体的发育，菌盖由圆形变成椭圆形，菌柄也由中生变成近中生。

3. 成熟期

菌盖鲜黄色，中部凹陷呈漏斗状，有时边缘有缺刻。大部分菌柄由中生而近中生，直到侧生。菌褶呈片状，白色。

4. 老熟期

孢子大量释放，菇体水分减少，重量变轻。孢子释放是原生质转移过程，在孢子大量释放后，子实体养分减少，风味变劣。此时在形态上也出现相应变化，盖面颜色变浅，呈米黄色；菌褶皱缩，呈波浪状，绵软，褶缘上往往附有脱落下的浅粉色的孢子堆；盖缘变薄，内卷。

第二节　榆黄菇高效栽培技术

榆黄菇可采用瓶栽、袋栽、箱栽、床栽、菌丝压块栽培、墙栽、

第十一章　榆黄菇

室外畦栽、段木栽培和埋木栽培等多种栽培方式，在生产实际中以袋栽、床栽和室外畦栽为主。本书以室外畦栽为例，介绍榆黄菇高效栽培技术。

一 栽培季节

根据榆黄菇的生物学特性，利用自然温度可安排春、秋两季栽培。南方地区春季栽培在3月播种，4~5月采收；秋季栽培在9月播种，10~11月采收。北方地区春季栽培播种时间可适当推迟，秋季栽培播种时间要适当提前。

二 参考配方

配方一：玉米芯（粉碎成花生粒大小）66%，米糠30%，另加4%的石灰。

配方二：棉籽壳85%，麦麸10%，饼粉2%，另加石灰、过磷酸钙、石膏各1%。

配方三：阔叶树木屑81%，麦麸15%，石灰粉2%，石膏粉1%，复合肥1%。

配方四：甘蔗渣80%，米糠16%，石灰粉2%，石膏粉1%，复合肥1%。

三 堆制发酵

配料前，将棉籽壳、玉米芯、木屑等用2%石灰水进行预湿，预湿时间一般掌握在0.5~2h。然后将原料摊开，均匀拌入配方中的各种辅料，调节含水量至65%，上堆发酵。培养料发酵采用小堆法，每堆干料重250~500kg，堆高1m、宽1.5~2m、长度适宜。

建堆后将料面轻轻拍实，用木棒在料堆上每隔0.5m打一直上直下的通气孔，待料堆10cm料温上升至60℃时，保持24h后进行翻堆。翻匀后建堆如第一次，待料堆10cm深处料温上升至60℃时，保持24h后翻堆，如此进行3次。

【提示】 发酵结束后，料呈深棕色，有料香味，无异味，pH约为7。

176

四　做畦播种

在菇棚内做宽70cm、深25cm、长度不限的栽培畦。铺料前在畦内灌足底水，在水完全渗入后撒干石灰进行消毒，然后按每平方米25kg干料的量进行铺料，采用层播法播种。先铺约7cm厚的料，撒入25%的菌种；然后再铺约7cm厚的料，撒入25%的菌种；最后再铺8cm厚的料，撒入剩余的50%菌种。料要逐层压实，菌种用量为栽培干料重的15%~20%。

五　发菌管理

播种后进入发菌阶段，播种后的前5天料温以控制在10~15℃为宜，随后料温控制在20~24℃。气温低时，可在料面覆盖一层报纸，再加盖薄膜保温发菌；气温高时，可直接覆3cm厚的土进行发菌。在发菌过程中要经常通风换气，保持室内空气新鲜且略干燥为好，以防杂菌繁殖。一般经45天左右菌丝可长满整个培养料。

六　覆土

1. 覆土材料

覆土材料可挖畦土或者选择菜园中地表10cm以下土质疏松、不易板结的土壤，拌入1%石灰、0.1%多菌灵和高效低毒杀虫剂（如敌百虫）及复合肥等，堆闷48h进行消毒处理，然后待土中药味散去后使用。

2. 覆土

覆土土粒勿过大，最大土粒直径在1cm左右，覆土含水量调到能撒开即可。覆土厚度为3cm左右。

七　出菇管理

榆黄菇菌丝长满整个畦床后，在棚温15~30℃、空气相对湿度为85%~95%条件下，经1~5天即可分化出榆黄菇原基，12~15天即可在畦面涌现大量菇蕾。子实体处于桑葚期时注意环境保湿（空气相对湿度控制在85%~90%），一般不宜直接向床面喷水（彩图20）；子实体生长期需大量新鲜空气和散射光照，注意保湿通风，喷水需勤喷雾状水，并注意每次喷水后加大通风量。若水分过多，容易造成死菇；若光线不足，菇体颜色浅黄至浅白，不利于鲜嫩、金黄色泽的优良商品菇形成。

八 采收

当子实体菌盖发育至直径 2～4cm、边缘内卷时即可采摘，此时菇体色泽金黄、鲜嫩，烹饪时菇柄嫩、脆，特别适宜作为中餐、汤菜或火锅用菜；当子实体菌盖直径 5cm 以上，菇盖边缘渐平展、开始弹射孢子时须尽快采摘，此时菇体色泽由金黄渐至浅黄，菇柄特别是基部烹饪时口感较绵，只适宜作为中餐不宜作为火锅用菜；当子实体大量弹射孢子后，菇盖易碎，菇柄更绵，商品价值降低，须注意避免，尽快采收。

九 转潮管理

每潮菇采收后，必须清理菇脚、菇根及死菇、烂菇。用土覆平采菇后的孔洞和缝隙，让菌丝恢复生长，待现蕾时，再按正常出菇管理。

第十二章
红 平 菇

红平菇（红侧耳）又名淡红侧耳、泰国红平菇、粉红蚝菇等，属真菌门、担子菌亚门、层菌纲、伞菌目、侧耳科、侧耳属。红平菇只适于幼嫩时食用，味道鲜美，有独特蟹香风味；老后纤维化，但可油炸食用。红平菇适宜在高温高湿环境下栽培，适应性强，容易栽培成功，而且产量高，并有观赏价值，是夏季栽培的优良品种。目前其栽培用种主要来源是野生资源的驯化和引种，育种研究几乎空白。

第一节　生物学特性

一　形态特征

红平菇形似平菇，子实体单生、多叠生，其颜色随光线强弱而呈现水红色、粉红色、奶油色（彩图21）。菌盖幼时呈勺形或贝壳形，边缘内卷，成熟后逐渐开展呈扇形，直径3～8cm、边缘外卷、波状。菌柄侧生。菌盖下方长着许多密集与狭长的菌褶，菌褶幼时特别红，后逐渐褪色为水红色、奶油色至浅褐色。菌肉菌丝有锁状联合，有缘囊体，无侧囊体。孢子椭圆形，光滑，大小为 $(6\sim10)\mu m\times(4\sim5)\mu m$，与菌褶同色。

二　生态习性

红平菇是热带、亚热带地区木腐菌类，在热带地区多发生于雨季，亚热带地区多发生于梅雨季节。其生长在阔叶树的枯干，以及橡胶树、棕榈、竹等热带经济作物的枯干上。主要分布在泰国、柬埔寨、越南、斯里兰卡、新几内亚、马来西亚、日本、巴西、墨西哥及中国华南地区的福建、江西、广西。

三 生长发育条件

1. 营养条件

红平菇属木腐菌类，具有很强的分解纤维素、木质素的能力，培养料利用率很高。栽培原料取材广泛，棉籽壳、杂木屑、玉米芯、秸秆类、稻草等均可。

2. 环境条件

（1）温度 红平菇属高温型食用菌，菌丝生长温度范围为 18 ~ 34℃，最适为 26 ~ 28℃；原基分化温度为 18 ~ 25℃，子实体发育温度为 20 ~ 30℃，但在 26 ~ 28℃的条件下生长最适。在一定的温度范围内，温度变化愈大，子实体分化愈快，在 20℃和 30℃的交替环境中子实体形成快而多。

（2）水分 红平菇为耐湿性真菌，菌丝生长期培养料含水量应为 65% 左右，低于 54% 时菌丝不吃料，发育不良，而且在生殖生长阶段不能形成子实体。在菌丝生长期间空气相对湿度应控制在 75% 以下；在子实体形成期间如果空气相对湿度仅为 45% ~ 50%，则刚发育的小菇干缩，在 75% 以上时小菇生长缓慢，但在 75% ~ 85% 时生长显著加快，湿度以 85% ~ 95% 为最好，在高于 95% 时子实体易变色，品质下降，甚至腐烂。

（3）光线 红平菇为喜光性真菌。菌丝生长发育不需要光线，子实体分化一定要有散射光，菇蕾分化和子实体生长需要 750 ~ 1500lx 的光照强度。

（4）空气 红平菇属于好氧性真菌，新鲜空气是其生长发育的一个重要环境条件，菇房每天应通风 2 ~ 3 次。

（5）酸碱度 红平菇为喜酸性真菌，在 pH 为 4 ~ 9 的条件下都可以生长，在 pH 为 6 ~ 7 时，菌丝生长最快，且粗壮、洁白、浓密，长势旺盛。

第二节　红平菇高效栽培技术

一　栽培季节

红平菇是原产于热带和亚热带地区的一种木腐菌，菌丝生活能力强，人工栽培管理粗放，对环境要求不太严格，生长周期短，耐高温，一般在 4 ~ 5 月制种，6 ~ 9 月出菇。

二　参考配方

配方一：棉籽壳 90%、麦麸（玉米面）8%、过磷酸钙 1%、石灰 1%。

配方二：杂木屑 82%、玉米面 16%、过磷酸钙 1%、石灰 1%。

配方三：玉米芯 85%、玉米面 13%、过磷酸钙 1%、石灰 1%。

配方四：玉米芯 44%、杂木屑 40%、玉米面 14%、过磷酸钙 1%、石灰 1%。

配方五：玉米秸（高粱秸）80%、玉米面 17%、复合肥 1%、过磷酸钙 1%、石灰 1%。

三　培养料处理

红平菇可采用生料、熟料、发酵料栽培。发酵料较前两者容易掌握，成品率高、成本低、产量高，详细内容参见第三章　平菇。

四　装袋接种

采用袋式栽培，用低压聚乙烯袋，袋的规格为（28 ~ 30）cm ×（50 ~ 60）cm × 0.03cm。采用层播法，则 3 层菌种 2 层料或 4 层菌种 3 层料，每层菌种厚为 1.5 ~ 2cm，中间薄边缘略厚。用菌量为 10% ~ 15%。料要装实，两头用聚乙烯绳扎紧。装好袋后在每层菌种上用消毒的铁钉扎 8 ~ 10 个小孔，进行微孔发菌。

五　发菌管理

装好的菌袋码成 3 ~ 4 层，当环境温度低时可码高些、码紧些。每行中间留有空隙供人通行和通风散热。上面盖上草帘遮光。环境温度控制在 23 ~ 28℃，每天监测料温变化。装袋后 7 ~ 15 天料温升

第十二章　红平菇

高最快，注意加强管理，如果发现料温达到30℃以上时要及时通风降温，以免"烧菌"。菌袋每隔10天翻动一次，把上层和底层的菌袋放入中间层，中间层的菌袋放在上层和底层，保证发菌一致，出菇整齐。菌丝一般经25～35天即可长满菌袋。

六 出菇管理

菌袋菌丝浓密洁白、有弹性、有黄色水珠出现时，标志已到生理成熟期，即可进入出菇期管理。采用墙式立体双面出菇，菌袋码6～7层，行间距70～80cm，这样利于管理、采菇。

红平菇子实体的生长发育与平菇相似，基本上可分为桑葚期、珊瑚期、成菇期和菌丝恢复期，要分别对这几个时期进行管理，根据各个时期的不同生理特点采取相应的措施。

1. 桑葚期

把已长满菌丝的栽培袋搬入菇房内，并有序地排放在铁架上，留有适当的空隙。当发现菌袋上有红色的小菌斑时就开袋或在侧面用灭过菌的刀片在形成的原基附近划"V"形小口。此时往地上洒水并向空气中喷水，保证菇房的湿度在85%～95%。早晨和晚上开窗2次，每次20～30min，使得菇房有持续的昼夜温差和保证空气流通，并保证菇房内有充足的散射光。菇房内保持菇蕾分化的最适温度在18～25℃之间，从而有效地保障菌丝的分化，促进原基的形成。

2. 珊瑚期

桑葚期之后的2～3天，便进入珊瑚期，出现小而红的菌盖，珊瑚期一般持续1～2天。这时要把温度严格控制在20～30℃之间，保持湿度达到85%～95%。此时，除往地上喷水外还要往空气中喷雾状水，做到每次喷水量适当。在喷水前多开窗，保证菇房的供氧量。

3. 成菇期

成菇期又称子实体的形成和发育期，是子实体生长发育快速的时期，这一时期是提高成菇率的关键，也是管理的关键时期。成菇期一般持续2～3天。此阶段的管理要着重解决好通风与湿度的矛盾，可根据不同时期不同外部条件的影响而灵活地改变通风和湿度，从而保证红平菇的子实体正常而快速生长的需要。要把空气相对湿度提高到90%～95%，此时若空气相对湿度太小，低于90%，会导致培养料失水，子实体变硬而降低质量，也会影响第二潮菇的产量。要采用正确而有效的方法，保证湿度时可往地上洒水，通风之后立即喷雾状水，尽量使子实体从空气中吸收水分，减少培养料中水分的消耗。在空气干燥的时候多喷水，潮湿时少喷。此外，还要加强散射光照，如果光线太弱，长出的红平菇子实体的颜色会变浅，甚至变成白色，严重影响菇体的外观，降低其商品价值，影响经济效益。此时还要保持子实体发育的最适温度在 22～30℃ 之间。当菇长到七八分成熟时采菇，以后马上进入菌丝恢复期的管理。

【注意】　此期应特别注意通风，早晚各通一次风，保证空气新鲜。

4. 菌丝恢复期

采菇第二天，向裸露的袋端喷 1% 复合肥溶液，数小时喷 1 次，连喷 3～4 次。待料吃透溶液后，此时的空气相对湿度可以降低至 80%～85%，然后等待发菌和第二潮菇的生长。

七　采收

红平菇从现蕾到采收一般需 5～7 天。发现菌盖平展，边缘略变薄，颜色稍变浅时即可采收。用利刀沿培养基表面切下，将袋口合上，加强管理，15～20 天后可出下潮菇，一般可采 4～5 潮，生物学效率可达 100% 以上。红平菇采收要注意宜早不宜迟，子实体七八分成熟时必须及时采下，采收过迟则容易迅速纤维化，色泽变浅，菌盖变薄，失去其应有的商品价值。

第十二章

红平菇

——第十三章——
常见病虫害及其防治

第一节　常见病害及其防治

一　常见病害

1. 毛霉

毛霉是食用菌生产中一种普遍发生的病害，又称为黑霉病、黑面包霉病。

【为害情况及症状】　毛霉是一种好湿性真菌，在培养料上初期长出灰白色、粗壮、稀疏的气生菌丝，菌丝生长快，分解淀粉能力强（彩图22）。其能很快占领料面并形成一交织稠密的菌丝垫，使培养料与空气隔绝，抑制食用菌菌丝生长。后期从菌丝垫上形成许多圆形灰褐色、黄褐色至褐色的小颗粒，即孢子囊及其所具颜色。

【形态特征】　毛霉的菌丝体在培养基内或培养基上能迅速蔓延，无假根和匍匐菌丝。菌落在PDA培养基上呈松絮状，初期白色，后期变为黄色有光泽或浅黄色至褐灰色。孢囊梗直接由菌丝体生出，一般单生，分枝或较小不分枝。分枝方式有总状分枝和假轴分枝两种类型。孢囊梗顶端膨大，形成一球形孢子囊，着生在侧枝上的孢子囊比较小。

【发病规律】

1）侵染途径。毛霉广泛存在于土壤、空气、粪便、陈旧草堆及堆肥上，对环境的适应性强，生长迅速，产生的孢子数量多，空气中飘浮着大量毛霉孢子。在食用菌生产中，如果不注意无菌操作及搞好环境卫生等技术环节，毛霉的孢子靠气流传播，是初侵染的主要途径。已发生的毛霉，新产生的孢子又可以靠气流或水滴等媒介再次传播侵染。

2）发生条件。毛霉在潮湿条件下生长迅速，如果菌瓶或菌袋的棉塞受潮，或接种后培养室的湿度过高，均易受毛霉侵染。

【防治措施】 注意搞好环境卫生，保持培养室周围及栽培地清洁，及时处理废料。接种室、菇房要按规定清洁消毒；制种时操作人员必须保证灭菌彻底，袋装菌种在搬运等过程中要轻拿轻放，严防塑料袋破裂；经常检查，发现菌种受污染的应及时剔除，绝不播种带病菌种；如果在菇床培养料上发生毛霉，可及时通风干燥，控制室温在 20～22℃，待抑制后再恢复常规管理；适当提高 pH，在拌料时加 1%～3% 的生石灰或喷 2% 的石灰水可抑制毛霉生长。药剂拌料，用干料重量 0.1% 的甲基托布津拌料，预防效果较好。

2. 根霉

根霉属接合菌门、根霉属，是食用菌菌种生产和栽培中常见的杂菌。

【为害情况及症状】 根霉由于没有气生菌丝，其扩散速度较毛霉慢。培养基受根霉侵染后，初期在表面出现匍匐菌丝向四周蔓延，匍匐菌丝每隔一定距离，长出与基质接触的假根，通过假根从基质中吸收营养物质和水分（彩图23）。后期在培养料表面 0.1～0.2cm 高处形成许多圆球形、颗粒状的孢子囊，颜色由开始时的灰白色或黄白色，至成熟后转为黑色，整个菌落外观犹如一片林立的大头针，这是根霉污染最明显的症状。

【形态特征】 菌落初期白色，老熟后灰褐色或黑色。匍匐菌丝弧形、无色，向四周蔓延。由匍匐菌丝与培养基接触处长出假根，假根非常发达，多枝、褐色。在假根处向上长出孢囊梗，直立，每丛由 2～4 条成束，较少单生或 5～7 条成束，不分枝，暗灰色或暗褐色，长 500～3500μm。顶端形成孢子囊，孢子囊球形或近球形，初期黄白色，成熟后黑色。孢囊孢子球形、卵形，有棱角或线状条纹。

【发病规律】

1）侵染途径。根霉适应性强，分布广，在自然界中生活于土壤、动物粪便及各种有机物上，孢子靠气流传播。

2）发病条件。根霉与毛霉同属好湿性真菌，生长特性相近，其菌丝分解淀粉的能力强，在 20 ~ 25℃的湿润环境中，经 3 ~ 5 天便可完成一个生活周期。培养基中麦麸、米糠用量大，灭菌不彻底，接种粗放，培养环境潮湿，通风差，栽培场地和培养料未严格消毒、灭菌等，均易导致根霉污染蔓延。

【防治措施】 选择合适的栽培场地，远离牲畜粪等含有机物的物质；加强栽培管理，适时通风透气，保持适当的温湿度，清理周围废弃物，减少病源；选用新鲜、干燥、无霉变的原料做培养料，在拌料时麦麸和米糠的用量控制在 10% 以内。

3. 曲霉

曲霉在自然界中分布广泛，种类繁多，有黑曲霉、黄曲霉、烟曲霉、亮白曲霉、棒曲霉、杂色曲霉、土曲霉等，是食用菌生产中经常发生的一种病害，其中以黑曲霉、黄曲霉发生最为普遍。

【为害情况及症状】 曲霉不同的种，在培养基中形成不同颜色的菌落，黑曲霉菌落呈黑色，黄曲霉菌落呈黄色至黄绿色（彩图24）；烟曲霉菌落呈蓝绿色至烟绿色，亮白曲霉菌落呈乳白色；棒曲霉菌落呈蓝绿色；杂色曲霉菌落呈浅绿色、浅红色至浅黄色（彩图25）。大部分呈浅绿色类似青霉属。曲霉除污染培养基外，还常出现在瓶（袋）口内侧壁上及封口材料上。曲霉污染时除了吸取培养料养分外，还能隔绝氧气，分泌有机酸和毒素，对菌丝有一定的拮抗和抑制作用。

【形态特征】 菌丝比毛霉短而粗，绒状，具分隔、分枝，扩展速度慢；分生孢子串生，似链状；分生孢子头由顶囊、瓶梗、梗基和分生孢子链构成，具有不同的形状和颜色，如球形、放射形和黑色、黄色等。

【发病规律】

1）侵染途径。曲霉广泛存在于土壤、空气及腐败有机物上，分生孢子靠气流传播，是侵染的主要途径。

2）发生条件。曲霉主要利用淀粉，凡谷粒培养基或培养基含淀粉较多的容易发生；曲霉又具有分解纤维素的能力，因此木制特别是竹制的床架，在湿度大、通风不良的情况下也极易发生；适于曲霉生长的酸碱度近中性，凡 pH 近中性的培养料也容易发生。培养基配制时，使用发霉变质的麸皮、米糠等做辅料，基质含水量较低或湿料夹干料、灭菌不彻底、接种未能无菌操作、封口材料松、气温高、通风不良等，都能引发曲霉污染。

【防治措施】 防止棉塞在灭菌过程中受潮，一旦发生，要在接种箱（接种车间）内及时更换经过灭菌的干燥棉塞；接种时要严格检查菌袋上的棉塞是否长有曲霉，如果有感染症状的，必须立即废弃；培养室要用强力气雾消毒剂进行严格的消毒处理，当菌袋移入培养室后，应阻止无关人员随便出入。

4. 青霉

青霉是食用菌生产中常见的一种污染性杂菌，危害较普遍的种有圆弧青霉、产黄青霉、绳状青霉、产紫青霉、指状青霉、软毛青霉等。在分类学上属半知菌亚门、丝孢纲、丝孢目、丝孢科、青霉属。

【为害情况及症状】 青霉发生初期，污染部位有白色或黄白色的绒毯状菌落出现，经 1~2 天后便逐渐变为浅绿色或浅蓝色的粉状霉层，霉层外圈白色，扩展较慢，有一定的局限性，老的菌落表面常交织成一层膜状物，覆盖在培养料表面，使之与空气隔绝，并能分泌毒素，使食用菌菌丝体致死（彩图 26）。在生产过程中，若青霉发生严重时，可使菌袋腐败报废。

【形态特征】 青霉菌丝无色，具隔膜，菌丝初呈白色，大部分深入培养料内，气生菌丝少，呈绒毯状或絮状；分生孢子梗先端呈扫帚状分枝，分生孢子大量堆积时呈青绿色、黄绿色或蓝绿色粉状霉层。

【发病规律】

1）侵染途径。青霉分布范围广，多为腐生或弱性寄生，存在多种有机物上，产生的分生孢子数量多，通过气流传入培养料是初次侵染的主要途径。致病后产生新的分生孢子，可通过人工喷水、气流、昆虫传播，是再侵染的途径。

2）发生条件。在 28 ~ 30℃ 下，最容易发生；培养基含水量偏低、培养料呈酸性、菌丝生长势弱等，均有利于青霉的生长。

【防治措施】 认真做好接种室、培养室及生产场所的消毒灭菌工作，保持环境清洁卫生，加强通风换气，防止病害蔓延；调节培养料适当的酸碱度，培养料可选用 1% ~ 2% 的石灰水调节至微碱性。采菇后喷洒石灰水，刺激食用菌菌丝生长，抑制青霉菌发生；局部发生此病时，可用 5% ~ 10% 的石灰水涂擦或在患处撒石灰粉，也可先将其挖除，再喷 3% ~ 5% 的硫酸铜溶液杀死病菌。

5. 木霉

木霉在自然界中分布广，寄主多，因此是食用菌生产中的主要病害。常见的种有绿色木霉、康氏木霉，在分类学上属半知菌亚门、丝孢纲、丝孢目、丝孢科、木霉属。

【为害情况及症状】 培养料受侵染后，初期菌丝白色、纤细、致密，形成无固定形状的菌落。后期从菌落中心到边缘逐渐产生分生孢子，使菌落由浅绿色变成深绿色的霉层（彩图 27）。菌落扩展很快，特别在高温潮湿条件下，几天内整个料面就几乎被木霉菌落所布满。

【形态特征】 木霉菌丝纤细、无色、多分枝、具隔膜，初为疏松棉絮状或致密丛束状，后扁平紧实，白色至灰白色；分生孢子多为球形、椭圆形、卵形或长圆形，孢壁具明显的小疣状凸起，大量形成时为白色粉状霉层，然后霉层中央变成浅绿色，边缘仍为白色，最后全部变为浅绿色至暗绿色。

【发病规律】

1）侵染途径。分生孢子通过气流、水滴、昆虫等媒介传播至寄主。带菌工具和场所是主要的初侵染源。木霉侵染寄主后，即分泌毒素破坏寄主的细胞质，并把寄主的菌丝缠绕起来或直接把菌丝切断，使寄主很快死亡。已发病所产生的分生孢子，可以多次重复再侵染，尤其是高温潮湿条件下，再次侵染更为频繁。

2）发生条件。食用菌生产的培养料主要是木屑、棉籽壳等，如果灭菌不彻底极易受木霉侵染。木霉孢子在15～30℃下萌发率最高，菌丝体在4～42℃范围内都能生长，而以25～30℃生长最快。木霉分生孢子在空气相对湿度为95%的高湿条件下，萌发良好，但由于适应性强，在干燥的环境中，仍能生长。木霉喜欢在微酸性的条件下生长，特别是pH在4～5之间生长最好。

【防治措施】 保持制种和栽培房的清洁干净，适当降低培养料和培养室的空间相对湿度，栽培房要经常通风；杜绝菌源上的木霉，接种前要将菌种袋（瓶）外围彻底消毒，并要确保种内无杂菌，保证菌种的活力与纯度；选用厚袋和密封性强的袋子装料，灭菌彻底，接种箱、接种室空气灭菌彻底，操作人员保持卫生，操作速度要快，封口要牢，从多环节上控制木霉侵入；发菌时调控好温度，恒温、适温发菌，缩短发菌时间，也能明显地减少木霉侵害；对老菌种房、老菇房内培养的菌袋，可用药剂拌料如多菌灵、菇丰，用量为1000倍，可有效地减少木霉菌侵入危害。

6. 链孢霉

链孢霉是食用菌生产常见的杂菌，高温下其危害性有时比木霉更为严重。在分类学上属子囊菌亚门、粪壳霉目、粪壳霉科。

【为害情况及症状】 链孢霉常发生在6～9月，是一种顽强、速生的气生菌，培养料受其污染后，即在料面迅速形成橙红色或粉红色的霉层（分生孢子堆）（彩图28）。霉层如果在塑料袋内，可通过某些孔隙迅速布满袋外，在潮湿的棉塞上，霉层厚可达1cm。在高温高湿条件下，能在1～2天内传遍整个培养室。培养料一经污染很难彻底清除，常引起整批菌种或菌袋报废，经济损失较大。

【形态特征】 链孢霉菌丝白色或灰白色，具隔膜，疏松，网状；分生孢子梗直接从菌丝上长出，与菌丝相似；分生孢子串生成长链状，单个无色，成串时粉红色，大量分生孢子堆积成团时，为橙红色至红色，老熟后，分生孢子团干散蓬松呈粉状。

【发病规律】

1）侵染途径。培养室环境不卫生、培养料高压灭菌不彻底、棉塞受潮过松、菌袋破漏是链孢霉初侵染的主要途径。培养料一旦受侵染后，所产生新的分生孢子是再侵染的主要来源。

2）发病条件。链孢霉在 25～36℃生长最快，孢子在 15～30℃萌发率最高。培养料含水量在 53%～67% 链孢霉生长迅速，特别是棉塞受潮时，能透过棉塞迅速伸入瓶内，并在棉塞上形成厚厚粉红色的霉层。链孢霉在 pH 为 5～7.5 的条件下生长最快。

【防治措施】 对链孢霉主要采取预防措施，即消灭或切断链孢霉菌的初侵染源。菌袋发菌初期受侵染，已出现橘红色斑块时，首先要对空气和环境强力杀菌，控制好污染源，再向染菌部位或在分生孢子团上滴上煤油、柴油等，即可控制蔓延。袋口、颈圈、垫架子的纸上污染的，去掉污染颈圈、纸放入 500 倍甲醛液中，并用 0.1% 碘液或 0.1% 克霉灵溶液，洗净袋口换上经消毒的颈圈、纸，继续发菌；棚内地面上、棚内膜及其他菌袋上应及时喷上石灰水和 0.1% 的克霉灵，杀灭棚内空气中的孢子，并在棚内造成碱性条件，抑制链孢霉传播扩散。

> 【注意】 瓶外、袋外已形成橘红色块状孢子团的，切勿用喷雾器直接对其喷药，以免孢子飞散而污染其他菌种瓶或菌袋。发生红色链孢霉污染的菌室，也不要使用换气扇。

7. 链格孢霉

链格孢霉是食用菌生产中常见的一种污染菌（彩图 29）。由于在培养基上生长时，菌落呈黑色或黑绿色的绒毛状，俗称黑霉菌。在分类学上属半知菌亚门、丝孢纲、丝孢目、暗孢科、链格孢属。

【为害情况及症状】 菌落呈黑色或黑绿色的绒状或带粉状。灰黑至黑色的菌丝体生长迅速而多，发生初期出现黑色斑点，不久即扩散且以压倒的优势侵染菌丝体。它与黑曲霉的菌落都是黑色，但链格孢霉的菌落呈绒状或粉状，而黑曲霉的菌落呈颗粒状，粗糙、稀疏。受污染后的培养料变黑色腐烂，菌丝不能生长。

【形态特征】 该菌在 PDA 培养基上生长时，菌落均为黑色，菌丝绒状生长，分生孢子梗暗色，单枝，长短不一，顶生不分枝或偶尔分枝的孢子链，分生孢子暗色，有纵横隔膜，倒棍形、椭圆形或卵形，常形成链，单生的较少，顶端有喙状的附属丝。

【发病规律】

1）侵染途径。链格孢霉在自然界分布广，大量存在于空气、土壤、腐烂果实及作为培养料的秸秆、麸皮等有机物上，其孢子可通过空气传播。因此，灭菌不彻底、无菌接种不严格等都是造成污染的原因。

2）发生条件。此菌要求高湿和稍低的温度，因此，在气候温暖地区的晚夏和秋季以及培养料含水量高和湿度大的条件下容易发生。

【防治措施】　参见根霉和链孢霉的防治。

【注意】　发现污染及时清除，或将污染菌袋浸泡于5%的石灰水中使其菌丝受到碱性抑制，千万不要胡乱丢弃，以防形成新的感染源。

8. 酵母菌

酵母菌为菌种分离培养、食用菌生产中常见的污染菌。为害食用菌的属有隐球酵母和红酵母，在分类上属半知菌亚门、芽孢纲、隐球酵母目、隐球酵母科。

【为害情况及症状】　菌瓶（袋）受酵母菌污染后，引起培养料发酵，发黏变质，散发出酒酸气味，菌丝不能生长。试管母种被隐球酵母菌污染后，在培养基表面形成乳白色至褐色的黏液团（彩图30）；受红酵母侵染后，在试管斜面形成红色、粉红色、橙色、黄色的黏稠菌落。均不产生绒状或棉絮状的气生菌丝。

【形态特征】　酵母菌菌落在外观上与细菌菌落较为相似，但远大于细菌菌落，且菌落较厚，大多数呈乳白色，少数呈粉红色或乳黄色。酵母菌除极少数种类以裂殖方式繁殖外，大多数是以芽殖方式进行的，呈圆形、椭圆形或腊肠形等，其形态的不同往往与培养条件改变有关。

【发病规律】　酵母菌在自然界分布广泛，到处都有，大多腐生在植物残体、空气、水及有机质中。在食用菌生产中，初次侵染是由空气传播孢子；再次侵染是通过接种工具（消毒不彻底）传播。培养基含水量大、透气性差，发菌期通风差等，均有利于酵母菌侵害。

【防治措施】 控制培养料适宜的含水量，防止含水量过高；培养基灭菌要彻底，接种工具要进行彻底消毒，接种时要严格按无菌操作规程进行；选用质量优良、纯正、无污染的菌种；加强管理，保持环境清洁卫生，培养室内防止温度过高。

9. 细菌

细菌是一类单细胞原核生物，属裂殖菌门、裂殖菌纲。其分布广、繁殖快，常造成食用菌的严重污染。为害食用菌的细菌大多数为芽孢杆菌属和假单胞杆菌属中的种类。

【为害情况及症状】 细菌在食用菌生产中发生普遍，危害也相当严重。试管母种受细菌污染后，在接种点周围产生白色、无色或黄色黏状液（彩图31），其形态特征与酵母菌的菌落相似，只是受细菌污染的培养基能发出恶臭气味，食用菌菌丝生长不良或不能扩展。液体菌种被细菌污染后，不能形成菌丝球。

【形态特征】 细菌的个体形态有杆状、球状或弧状。芽孢杆菌属的细菌呈杆状或圆柱状，大小为 $(1 \sim 5) \mu m \times (0.2 \sim 1.2) \mu m$，被做成水装片时，经特殊染色，可观察到鞭毛。当环境不良时，能在体内形成一个圆形或椭圆形的芽孢。芽孢外被厚壁，抗逆性强，尤其是对高温有非常强的忍耐力，一般在100℃下3h仍不丧失生命力，革兰氏染色呈阳性。假单胞菌属的细菌，细胞性状差异很大，通常呈杆状或球形，大小为 $(0.4 \sim 0.5) \mu m \times (1.0 \sim 1.7) \mu m$，典型的细胞在一端或两端具有1条或多条鞭毛，形成白色菌落，有的种能产生荧光色素或其他色素，革兰氏染色呈阴性。

【发病规律】

1）侵染途径。细菌广泛存在于土壤、空气、水和各种有机物中，初次侵染通过水、空气传播，再次侵染通过喷水、昆虫、工具等传播。

2）发生条件。细菌适于生活在中性、微碱性以及高温高湿环境中。培养基或培养料的pH呈中性或弱碱性，含水量或料温偏高，都有利于细菌的发生和生长。此外，在生产过程中，培养基灭菌不彻底、环境不清洁卫生、无菌操作不严格等，也易引起细菌污染。

【防治措施】 培养基、培养料及玻璃器皿灭菌要彻底；培养料要选用优质、无霉变的原料；接种要严格按无菌操作规程进行。

10. 放线菌

引起食用菌污染的放线菌有链霉属的白色链霉菌、湿链霉菌、面粉状链霉菌及诺卡氏菌属的诺卡氏菌。在分类上属厚壁菌门、放线菌纲、放线菌目、链霉菌科和诺卡氏菌科。

【为害情况及症状】 放线菌对食用菌不是大批污染，而是个别菌种瓶出现不正常症状，发生时在瓶壁上出现白色粉状斑点，常被认为是石膏的粉斑。或出现白色纤细的菌丝，也容易与接种的菌丝相混淆，区别是被放线菌污染后出现的白色菌丝，有的会大量吐水；有的会形成干燥发亮的膜状组织（彩图 32）；有的会交织产生类似子实体的结构，多数种会产生土腥味。

【形态特征】 放线菌是单细胞的菌丝体，菌丝分营养菌丝和气生菌丝两种。不同的种其形态也有差别：在琼脂培养基上白色链霉菌气生菌丝白色，基内菌丝基本无色，孢子丝螺旋状。湿链霉菌孢子成熟后，孢子丝有自溶特性，俗称"吸水"，孢子丝螺旋状。面粉状链霉菌气生菌丝白色。诺卡氏菌不产生大量菌丝体，基内菌丝断裂成杆状或球状小体，表面多皱，呈粉状。

【发病规律】 放线菌在自然界广泛存在，主要分布在土壤中，尤其是在中性、碱性或含有机质丰富的土壤中最多。此外，在稻草、粪肥等中也都有分布。初次侵染是通过空气传播孢子，再次侵染是通过做培养料的原材料传播。

【防治措施】 选用优质菌种，注意环境卫生，严格无菌操作，防止孢子进入接种室（箱）。

二 常见病害的防控

1. 生料和发酵料栽培的杂菌防控

生料和发酵料中自然存在着多种微生物。食用菌生产期间，污染能否发生主要取决于料的微生物区系中各种微生物之间的平衡状态，这种平衡一旦被打破，污染就发生了，通常采取以下措施预防污染。

1）提高培养料的 pH，在不明显影响食用菌菌丝生长的前提下，抑制杂菌生长。

2）培养料适当偏干，增加透气性，促进食用菌菌丝生长，抑制杂菌生长。

3）加大接种量，占取料中微生物种群优势。

4）料中适量加入发酵剂或多菌灵等杀菌剂，抑制杂菌生长。

5）创造利于食用菌生长的环境条件，如温度、通风，通过促进食用菌生长来抑制杂菌的繁殖。

6）科学合理发酵，制作只利于食用菌生长而不利于杂菌生长的选择性基质，包括适于食用菌生长的理化性状和微生物区系。

2. 熟料栽培的杂菌控制

熟料栽培的杂菌污染源主要有培养料带菌（灭菌不彻底）、菌种带菌、接种工具带菌、接种操作外界杂菌侵入和培养期间的外界杂菌侵入等。

1）选用洁净、新鲜、无霉变的原料，并彻底灭菌。这是预防杂菌污染的第一道防线。

2）认真挑选菌种，杜绝菌种带杂菌。

3）科学配料，控制水分和 pH，创造不利于杂菌侵染的基质条件。经验表明，料中麦麸多或加入糖后，杂菌污染率较高；当用豆粉或饼肥粉代替部分麦麸，并无糖时，杂菌污染率可明显降低。含水量偏高时，杂菌污染发生多；含水量偏低时，杂菌污染发生少。

4）严格接种，严把无菌操作关。

5）创造适宜的培养条件，促进菌丝快速、健壮生长，要注意场所洁净、干燥，以减少外界杂菌的侵染。

第二节　常见虫害及其防治

平菇类珍稀菌生产中常见害虫有螨类、菇蚊、瘿蚊等害虫。

1. 螨类

螨类又名菌虱、红蜘蛛，属节肢动物门蜱螨目。螨类在食用菌生产中常见的种类有速生薄口螨、根螨、腐食酪螨和嗜菌跗线螨等。这些螨类体积小，肉眼不易发现，大量繁殖时很多个体堆积在一起呈咖啡色粉状堆物。螨类可以通过棉塞侵入到菌瓶（袋）中，取食菌丝体，所以培养时如果发现有退菌现象，可能是由螨类造成的。

【形态识别】 螨类形似蜘蛛，圆形或卵形，体长 0.2～0.7mm，肉眼不易看清。它与昆虫的主要区别是无翅、无触角、无复眼、足 4 对，身体不分节，体表密布长而分叉的刚毛，体色多样，有黄褐色、白色、肉色等，口器分为咀嚼式和刺吸式两种（彩图 33）。

【发生规律】 螨类多为两性卵生生殖。雌、雄螨发育阶段不同：雌螨一生经过卵、幼螨、第一若螨、第二若螨至成螨等发育阶段；雄螨则无第二若螨期。幼螨足为 3 对，若螨期以后有足 4 对。螨类喜栖温暖、潮湿的环境，发育、繁殖的适温为 18～30℃，在湿度大的环境中，繁殖速度快，一年少则 2～3 代，多则高达 20～30 代。

 【提示】 当生活条件不适或食料缺乏时，有些螨类还能改变成休眠体在不良环境中生存几个月或更长时间，一遇适宜环境，便蜕皮变成若螨，再发育为成螨。

【侵入途径与为害症状】 螨类主要潜藏在厩肥、饼粉、培养料内，粮食、饲料等谷物仓库，以及禽舍畜圈、腐殖质丰富等环境卫生差的场所。螨类可随气流飘移，也能借助昆虫、培养料、覆土材料、生产用具和管理人员的衣着等为媒介扩散，侵入食用菌菌丝及子实体。

【注意】 螨类侵入危害时，会使接种块难于萌发或萌发后菌丝稀疏暗淡，受害重的会因菌丝萎缩而报废。

【防治措施】
1）把好菌种质量关，保证菌种不带害螨。

2）搞好菇房卫生，菇房要与粮食、饲料、肥料仓库保持一定距离。

3）可用敌杀死加石灰粉混合后装在纱袋中，抖撒在菇房四周，对害螨防效较好。

4）将蘸有 40%～50% 敌敌畏的棉团，放在菇床下，每隔 67～83cm 放置 3 处，呈"品"字形排列，并在菇床培养料上盖一张塑料薄膜或湿纱布。害螨嗅到药味，迅速从料内钻出，爬至塑料薄膜或湿纱布上，然后取下集满害螨的薄膜或纱布，放在热水中将害螨烫死。

2. 菇蚊

【形态识别】 成虫体黑色，体长 2～4mm；复眼大，1 对，黑色，顶部尖；触角丝状（虚线状），16 节（彩图 34）。卵椭圆形，初为浅黄绿色，孵化前无色透明。幼虫蛆状，无足；初孵幼虫白色，体长 0.76mm 左右（彩图 35），老熟幼虫乳白色，体长 5.5mm 左右，体分12 节；幼虫头部黑色，有一较硬（骨质化）的头壳，大而突出，咀嚼式口器，发达。蛹黄褐色，腹节 8 节，每节有 1 对气门（彩图 36）。

【发生规律】 菇蚊在一年内可发生多代，在 15℃下，繁殖一代为 33 天；在 25℃ 下，繁殖一代为 21 天；在 30℃ 下，繁殖一代为 9 天。成虫活跃善飞，一般在 10℃ 以上开始活动，当气温达 16℃ 以上时，成虫大量繁殖。全年成虫盛发期是秋季 9～11 月和春季 3～5 月。15～21℃ 的中温条件对成虫发生有利，一年之中成虫活动最盛的是秋季，而雌成虫比例最高时则在春季，低温下繁殖的成虫体大，产卵量多，在 16℃ 左右时，产卵量最高。

成虫在有光的培养室中活动频繁，其迁入量是黑暗条件下迁入量的数十倍或上百倍，培养室内如果有发黄衰老的食用菌菌袋、腐烂的培养料对成虫都有很强的引诱力，而成虫对糖、醋、酒混合液则表现出一定的忌避性。在 18～24℃ 时，成虫期 2～4 天，成虫交尾后产卵于菌床表面的培养料上或覆土缝中，在环境相对湿度为 85% 以上时，卵期为 5～6 天。幼虫寄生、腐生能力强，活动范围大，具有喜湿性、趋糖性、避光性和群集性等习性。在 15～28℃ 条件下，生长发育好，活动能力强；10℃ 以下，幼虫停食不活动。菇蚊的各种形态都能越冬，但以老熟幼虫休眠越冬为主，且越冬死亡率较低。

【侵入途径与为害症状】 菇蚊的卵、幼虫、蛹主要随培养料侵入，成虫则直接飞入培养场所产卵繁殖。

成虫虽然对生产不直接造成危害，但能携带病原菌。幼虫若较早地随培养料侵入，则以取食培养料和菌丝为主，从而影响菌种定植蔓延，造成发菌困难。轻度危害时，因虫体小，隐蔽性较大，往往不易发现。严重危害时，菌丝被吃尽，培养料变松、下陷，呈碎渣状。

【防治措施】

1）合理选择栽培季节与场地。选择不利于菇蚊生活的季节和场地栽培。在菇蚊多发地区，把出菇期与菇蚊的活动盛期错开，同时选择清洁干燥、向阳的栽培场所。

2）多品种轮作，切断菇蚊食源。在菇蚊高发期的 9 ~ 11 月和 3 ~ 5 月，选用菇蚊不喜欢取食的菇类栽培出菇，如选用香菇、鲍鱼菇、猴头菇等栽培，用此方法栽培两个季节，可使该区域内的虫源减少或消失。

3）重视培养料的前处理工作，减少发菌期菇蚊繁殖量。对于生料栽培的蘑菇、平菇等易感菇蚊的品种，应对培养料和覆土进行药剂处理，做到无虫发菌、少虫出菇、轻打农药或不打农药。

4）药剂控制，对症下药。在出菇期密切观察料中虫害发生动态，当发现袋口或料面有少量菇蚊成虫活动时，结合出菇情况及时用药，消灭外来虫源或菇房内始发虫源，则能消除整个季节的多菌蚊虫害。在喷药前将能采摘的菇体全部采收，并停止浇水 1 天。如果遇成虫羽化期，要多次用药，直到羽化期结束，选择击倒力强的药剂，如菇净、锐劲特等低毒农药，用量为 500 ~ 1000 倍液，整个菇场要喷透、喷匀。

3. 瘿蚊

瘿蚊又名瘿蝇、小红虫、红蛆等，是严重为害食用菌的害虫，属节肢动物门双翅目，常见的种类有嗜菇瘿蚊、施氏嗜菌蚊和异形瘿蚊。

【形态识别】　成虫头尖体小，头和胸黑色，腹部和足浅黄色，体长不超过 2.5mm，复眼大而突出，触角念珠状，16 ~ 18 节，每节周围环生放射状细毛（彩图 37）。卵长椭圆形，初乳白色，后变浅黄色。幼虫蛆状，无足，长条形或纺锤形；初孵幼虫白色，体长 0.25 ~ 0.3mm，老熟幼虫橘红色或浅黄色，体长 2.3 ~ 2.5mm，体分 13 节；头尖，不骨质化，口器很不发达，化蛹前中胸腹面有一弹跳器官——"胸叉"（彩图 38）。蛹半透明，头顶有 2 根刚毛，后端腹

部橘红色或浅黄色（彩图 39）。

【发生规律】 瘿蚊一年发生多代。成虫喜黑暗阴湿的环境，对灯光的趋性不强，羽化时间多在午后 4：00 ~ 6：00，羽化 2 ~ 3h 后便交尾产卵；在 18 ~ 22℃，相对湿度 75% ~ 80% 条件下，卵期为 4 天左右；孵化后幼虫经 10 ~ 16 天生长发育，钻入培养料内或土壤缝隙中化蛹；蛹期 6 ~ 7 天；有性生殖一代周期需 29 ~ 31 天。

瘿蚊繁殖能力极强，除正常的两性生殖（即卵生）之外，常见的幼虫大多是经幼体生殖（又叫童体生殖）繁殖而来。幼体生殖似同胎生，即直接由成熟幼虫（母蛆）体内孕育出次代幼虫（子蛆）。这种特殊的繁殖方式，在没有成虫交尾产卵繁殖的情况下，可使幼虫数量在短期内成倍递增，是瘿蚊幼虫突然暴发危害的重要原因。通常 1 条成熟幼虫可胎生7 ~ 28 条子幼虫。子幼虫较卵生幼虫大，经 10 天左右生长发育，又能孕育一代。

瘿蚊抵抗不良环境的能力强，能耐低温和较高的温度，不怕水湿。在 8 ~ 37℃，培养料含水量为 70% ~ 80%，食料充足的条件下，其幼体生殖可连续进行。当温度高于 37℃ 或低于 7℃，或培养料含水量降至 64% 以下，幼虫繁殖受阻。当培养料干燥时，小幼虫多数停食后死亡，成熟幼虫则弹跳转移，部分化蛹经羽化为成虫后再迁飞活动，另一部分则以休眠体状态藏匿在土缝中或废弃的培养料内，以抵御干旱和缺食，其生存期可达 9 个月，待环境条件适宜时，能再度恢复虫体，繁殖危害。幼虫不耐高温，50℃ 时便死亡。

【侵入途径与为害症状】 瘿蚊成虫可直接飞入防范不严的培养室，其卵、蛹、幼虫及其休眠体主要通过培养料带入。成虫不直接危害，但能成为病原菌、螨类等病虫的传播媒介。

瘿蚊以幼虫危害为主，其个体小，肉眼较难看清，当幼虫大量繁殖群聚抱成球状，或成团成堆，呈橘红色番茄酱样出现在培养料上时，才很明显。幼龄幼虫主要取食菌丝，取食时先用头部去捣烂菌丝，再食其汁液，受害菌丝断裂衰退后，变色或腐烂。

【防治措施】

1）生产场地必须选择地势干燥、近水源且清洁之处。

2）要及时清除废料及脏物、腐败物；生产场地应定期喷洒消毒杀虫剂，如敌敌畏等。出菇房安装纱门纱窗，配合使用黄色粘蝇板可以有效阻挡虫源入内，要设法控制外界成虫进入菇场。

3）菌袋接种后宜用套环封口。封口纸应用双层报纸，搬运过程中应防止封口纸脱落，并注意轻拿轻放以免袋破口，如果发现菌袋有破口或刺孔的应立即用粘胶带贴住，以免害虫在破口处产卵为害。

4）控制菇房温湿度。切实做好菇房的通风透气，调节食用菌生长适宜的温度和湿度，预防房内温度升高、湿度偏大。

5）药剂防治。在虫害发生时用甲醛、敌敌畏 1:1 混合液 10mL/m³ 熏蒸，或用 50% 辛硫磷乳剂 1:（800~1000）倍液喷雾。

4. 线虫

【为害情况】 为害食用菌的线虫有多种，其中滑刃线虫以刺吸菌丝体造成菌丝衰败，垫刃线虫在培养料中较少，但在覆土层中较普遍。蘑菇受线虫侵害后，菌丝体变得稀疏，培养料下沉、变黑，发黏发臭，菌丝消失而不出菇，幼菇受害后萎缩死亡。香菇脱袋后在转色期间受害，菌筒产生"退菌"现象，最后菌筒松散而报废。银耳受害后造成鼻涕状腐烂。

线虫数量庞大，每克培养料的密度可达 200 条以上，其排泄物是多种腐生细菌的营养。这样使得被线虫为害过的基质腐烂，散发出一种腥臭味。由于虫体微小，肉眼无法观察到，常被误认为是杂菌为害或高温"烧菌"所致。减产程度取决于线虫最初侵染的时间和程度，如果发生早、线虫数量多，则足以毁掉全部菌丝，使栽培完全失败。而后，细菌的作用使受侵染的培养料发黑而又潮湿。但在接近出菇末期的后期侵染，只会造成少量减产，而菇农可能不会引起注意。

【形态分类】 线虫白色透明、圆筒形或线形（彩图 40），是营寄生或腐生生活的一类微小的低等动物，属无脊椎的线形动物门，线虫纲。国内已报道的有 15 种，其中常见的有 6 种，尤以居肥滑刃线虫、噬菌丝茎线虫与菌丝腐败拟滑刃线虫危害为重。

【侵染途径】 线虫在潮湿透气的土壤、厩肥、秸秆、污水里随处可见，其生存能力强，能借助多种媒介和不同途径进入菇房。一条成熟的雌虫能产卵 1500~3000 粒，数周内增殖 10 万倍。低温下线虫不活泼或不活动，干旱或环境不利时，呈假死状态，休眠潜伏几年。线虫不耐高温，45℃下5min，即死亡。

【防治措施】

1）适当降低培养料内的水分和栽培场所的空气相对湿度，恶化线虫的生活环境，减少线虫的繁殖量，也是减少线虫危害的有效方法。

2）强化培养料和覆土材料的处理。尽量使用发酵料和熟料栽培，利用高温进一步杀死料土中的线虫。

3）使用清洁水浇菇。流动的河水、井水较为干净，而池塘死水含有大量的虫卵，常导致线虫泛滥乱危害。

4）药剂防治。菇净或阿维菌素中含有杀线虫的有效成分，按1000倍液喷施能有效地杀死料中和菇体上的线虫。

5）采用轮作，如菇稻轮作、菇菜轮作、轮换菇场等方式，都可减少线虫的发生和危害程度。

第三节　病虫害综合防治

平菇类珍稀菌发生病虫害后，即使能及时采取措施加以控制，也已不同程度地影响了产量和品质，还要多费工时，增加成本，效果也不会理想。所以，一开始采取各种措施加以预防，可以收到事半功倍、一劳永逸的效果。另外，食用菌病虫害的防治措施，都有其局限性，单独采取一种防治方法，难以有效地解决病虫危害问题，需要根据具体情况采用几种措施互相补充和协调。因此，食用菌病虫害的防治工作与农作物病虫害防治一样，也应遵循"预防为主，综合防治"的方针。综合防治就是要把农业防治、物理防治、化学防治、生物防治等多种有效可行的防治措施配合应用，组成一个有计划的、全面的、有效的防治体系，将病虫害控制在最小的范围内和最低的水平下。

一　生产环境卫生综合治理

食用菌生产场所的选择和设计要科学合理，菇棚应远离仓库、饲养场等污染源和虫源；栽培场所内外环境要保持卫生，无杂草和各种废物。培养室和出菇场所要在门窗处安装纱网，防止菇蝇飞入。操作人员进入菇房尤其从染病区进入非病区时，要更换工作服和用来苏儿洗手。菇房进口处最好设一有漂白粉的消毒池，进入时要先消毒。菇场在日常管理中如果有污染物出现，要及时进行科学处理等。

二 生态防治

环境条件适宜程度是食用菌病虫害发生的重要诱导因素。当栽培环境不适宜某种食用菌生长时，便导致其生命力减弱，给病虫的入侵创造了机会，如香菇烂筒、平菇死菇等均是由菌丝体或子实体生命力衰弱而致。因此，栽培者要根据具体品种的生物学特性，选好栽培季节，做好菇事安排，在菌丝体及子实体生长的各个阶段，努力为其创造最佳的生长条件与环境，在栽培管理中采用符合其生理特性的方法，促进健壮生长，提高抵抗病虫害的能力。此外，选用抗逆性强、生命力旺盛、栽培性状及温型符合意愿的品种；使用优质、适龄菌种；选用合理栽培配方；改善栽培场所环境，创造有利于食用菌生长而不利于病虫害发生的环境，这些都是有效的生态防治措施。

三 物理防治

利用不同病虫害各自的生物学特性和生活习性，采用物理的、非化学（农药）的防治措施，是一种比较安全有效和使用广泛的方法。如利用某些害虫的趋光性，在夜间用灯光诱杀；利用某些害虫对某些食物、气味的特殊嗜好，进行毒饵诱杀；链孢霉在高温高湿的环境下易发生，把栽培环境相对湿度控制在70%、温度控制在20℃以下，链孢霉就迅速受到抑制，而食用菌的生长几乎不受影响。在生产中用得比较多的有：热力灭菌（蒸汽、干热、火焰、巴氏）、辐射灭菌（日光灯、紫外线灯）、过滤灭菌；设障阻隔，防止病虫的侵入和传播；出菇阶段用日光灯、黑光灯、电子杀虫灯、诱虫粘板诱杀，消灭具有趋光性的害虫；日光曝晒覆土材料、菇房内的床架，以及生料培养料等，经过曝晒起到消毒灭虫作用，如储藏的陈旧培养料在栽培之前于强日光下曝晒 1～2 天，可杀死杂菌营养体和害虫

及卵，然后再利用高压蒸汽灭菌法，基本上可将料中杂菌和害虫杀死。人工捕捉害虫或切除病患处。此外，防虫网、臭氧发生器等都是常用的物理方法。

四 生物防治

生物防治是指利用某些有益生物，杀死或抑制害虫或病菌，从而保护食用菌正常生长的一种防治方法，即"以虫治虫、以菌治虫、以菌治菌"等。其优点是，有益生物对防治对象有很高的选择性，对人、畜安全，不污染环境，无副作用，能较长时间地抑制病虫害。生物防治的主要作用类型如下：

（1）捕食作用 有些动物或昆虫以某种害虫为食物，通常将前者称作后者的天敌。如蜘蛛捕食菇蚊、蝇，捕食螨是一种线虫的天敌等。

（2）寄生作用 寄生是指一种生物以另一种生物（寄主）为食物来源，它能破坏寄主组织，并从中吸收养分。如苏云金芽孢杆菌和环形芽孢杆菌对蚊类有较高的致病能力，其作用相当于胃毒化学杀虫剂。目前，常见的细菌农药有苏云金杆菌（防治螨类、蝇蚊、线虫）、青虫菌等；真菌农药有白僵菌、绿僵菌等。

（3）拮抗作用 由于不同微生物间的相互制约、彼此抵抗而出现微生物间相互抑制生长繁殖的现象，称作拮抗作用。在食用菌生产中，选用抗霉力、抗逆性强的优良菌株，就是利用拮抗作用的例子。

（4）占领作用 绝大多数杂菌很容易侵染未接种的培养基，相反，当食用菌菌丝体遍布料面，甚至完全"吃料"后，杂菌就很难发生。因此，在生产中常采用加大接种量、选用合理的播种方法的方式，让菌种尽快占领培养料，以达到减少污染的目的。

另外，植物源农药如苦参碱、印楝素、烟碱、鱼藤酮、除虫菊素、茴蒿素、茶皂素等对许多食用菌害虫具有理想的防效。

五 化学农药防治

在其他防治病虫害措施失败后，最后可用化学农药防治，但尽量少用，尤其是剧毒农药，大多数食用菌也是真菌，使用农药也容易造成食用菌药害。另外食用菌子实体形成阶段时间短，在这个时期使用农药，未分解的农药易残留在菇体内，食用时会损坏人体健康。食用菌栽培中发生病害时，要选用高效、低毒、残效期短的杀菌剂；在出菇期发生虫害时，应首先将菇床上的食用菌全部采收，然后选用一些残效期短、对人畜安全的植物性杀虫剂。

1. 常用杀菌剂

（1）**多菌灵** 它的化学性质稳定，为传统高效、低毒、内吸性杀菌剂，杀菌谱广，残效长。产品有 10%、25%、50% 可湿性粉剂，对青霉、曲霉、木霉、双孢蘑菇粉孢霉以及疣孢霉菌、褐斑病有良好防治效果。拌料、床面或覆土表面灭菌常用 50% 的多菌灵可湿性粉剂 800 倍液。

（2）**代森锌** 它是保护性杀菌剂，对人畜安全，产品有 65%、80% 可湿性粉剂，可用于拌料和防治疣孢霉病、褐斑病等，一般用 65% 可湿性粉剂 500 倍液。其能与杀虫剂混用。

（3）**甲基托布津** 它是广谱、内吸性杀菌剂，兼有保护和治疗作用，甲基托布津通过在菌体内转变成多菌灵起作用，对人畜低毒，不产生药害。产品有 50%、70% 可湿性粉剂，可防治多种真菌性病害，对棉絮状霉菌防治作用良好，在发病初期，用 50% 可湿性粉剂 800 倍液喷洒。

（4）**百菌清** 它对人畜毒性低，有保护治疗作用，药效稳定。产品为 75% 可湿性粉剂，用 0.15% 百菌清药液可防治轮枝孢霉等真菌性病害。

（5）**菇丰** 它是食用菌专用消毒杀菌剂，可用于多种木腐菌类的生料和发酵料拌料，使用 1000~1500 倍，可有效抑制竞争性杂菌，如木霉、根霉、曲霉等的萌发及生长速度，不影响正常的菌丝生长和出菇。其可有效防治菇体生长期的致病菌，如疣孢霉菌，褐斑病等细菌、真菌和酵母菌类的病害。使用 500~1000 倍，间隔 3~4 天，连续喷施 2~3 次，可有效减轻病症，使新长出的菇体不受病菌侵染正常生长。土壤处理用 1500~2000 倍，能有效杀灭土壤中的病原菌。

（6）**咪鲜胺锰盐** 它对侵染性病害、霉菌效果好，无菇期喷洒覆土层、出菇面或处理土壤、菌袋杂菌，用量为50%可湿性粉剂1000倍液或0.5g/m²。

（7）**噻菌灵** 它对病原真菌、细菌有良好效果，用于拌、喷土壤或喷洒地面环境，用量为500g/L悬浮剂1000倍液。

（8）**甲醛（福尔马林）** 它为无色气体，商品"福尔马林"即37%~40%的甲醛溶液，为无色或浅黄色液体，有腐蚀性，贮存过久常产生白色胶状或絮状沉淀。可防治细菌、真菌和线虫。常用于菇房和无菌室熏蒸灭菌，每立方米空间用10mL；与等量酒精混合，用于处理袋栽发菌期的霉菌污染。

（9）**硫酸铜** 它俗称胆矾或蓝矾，为蓝色结晶，可溶于水，杀菌能力强，在较低浓度下即能抑制多种真菌孢子的萌发。栽培前，用0.5%~1%水溶液进行菇房和床架消毒。因单独使用有毒害，故多用其配制波尔多液或其他药剂。如用11份硫酸铵与1份硫酸铜的混合液，在菇床覆土层或发病初期使用。

（10）**波尔多液** 它是保护性杀菌剂，用生石灰、硫酸铜、水按1:1:200的比例配制而成，是一种天蓝色黏稠状悬浮液。其杀菌主要成分是碱式硫酸铜，释放出的铜离子可使病菌蛋白质凝固，可防治多种杂菌和病害，对曲霉、青霉、棉絮状霉菌有较好防治效果。也可用于培养料、覆土和菇房床架消毒，能在床架表面形成一道药膜，防止生霉。其配制方法为：在缸内放硫酸铜1kg，加水180L溶化，在另一缸内放生石灰1kg，加水20L，配成石灰乳。然后将硫酸铜溶液倒入石灰乳中，并不断搅拌即成。

（11）**硫黄** 它有杀虫、杀螨和杀菌作用，常用于熏蒸消毒，每立方米空间用量为7g，高温高湿可提高熏蒸效果。硫黄对人体毒性极小，但硫黄燃烧所产生的二氧化硫气体对人体极毒，在熏蒸菇房时要注意安全。

（12）**石硫合剂** 它为石灰、硫黄和水熬煮而成的保护性杀菌剂，原液为红褐色透明液体，有臭鸡蛋气味，化学成分不稳定，长期贮存应放在密闭容器中。其有效成分为多硫化钙，杀菌作用比硫黄强得多；其制剂呈碱性反应，有腐蚀昆虫表面蜡质作用，故可杀甲壳虫、卵等蜡质较厚的害虫及螨。

【提示】 石硫合剂配制方法：石灰 1kg，硫黄 2kg，水 10L。把石灰用水化开，加水煮沸，然后把硫黄调成糊状，慢慢加入石灰乳中。同时迅速搅拌，继续煮 40～60min，随时补足损失水分，待药液呈红褐色时停火、冷却后过滤即成。原液可达 20～24 波美度，用水稀释到 5 波美度使用，通常用于菇房表面消毒。

（13） 苯酚 它是常用杀菌剂，多与肥皂混合为乳状液，商品名称为煤酚皂液（来苏儿），能提高杀菌能力。在有氯化钠存在时效力增大，与酒精作用会使效力大减。对菌体细胞有损害作用，能使蛋白质变性或沉淀，其1%的含量可杀死菌体，其5%的含量则可杀死芽孢，常用于消毒和喷雾杀菌。

（14） 漂白粉 它是白色粉状物，能溶于水，呈碱性。其有效成分为漂白粉中所含的有效氯，通常含量在30%左右，加水稀释成0.5%～1%含量，用于菇房喷雾消毒。3%～4%含量用于浸泡床架材料及接种室消毒，可杀死细菌、病毒、线虫，并可用于退菌的防治。

（15） 生石灰 它用5%～20%石灰水喷洒或撒粉，可防治霉菌。

2. 常用杀虫剂

（1） 敌敌畏 它有很强触杀和熏蒸作用，兼有胃毒作用。害虫吸收汽化敌敌畏后，数分钟便中毒死亡，在害虫大量发生时，可很快把虫口密度压下去。敌敌畏无内吸作用，残效期短，无不良气味，被普遍用于食用菌害虫防治，对菇蝇类成虫及幼虫有特效，对螨类及潮虫防治效果也佳，制剂有 50% 和 80% 乳油。

【注意】 在出菇期应避免使用，以免产生药害和毒性污染。

（2） 敌百虫 它为白色蜡状固体，能溶于水，在碱溶液中脱氯化氢变成"敌敌畏"，进一步分解失效。敌百虫有很强的胃毒作用，兼有触杀作用，本身无熏蒸作用，但因部分转化为敌敌畏，故有一定熏蒸作用。其残效期比敌敌畏长，但毒性小，商品有敌百虫原药、

80%可湿性粉剂、50%乳油等多种剂型，稀释成500～1000倍液使用，对菇蝇等类害虫防治效果较好，对螨类效果较差。

（3）辛硫磷 它是低毒有机磷杀虫剂。工业品为黄棕色油状液体，难溶于水，易溶于有机溶剂，遇碱易分解，对人畜毒性低，产品有50%乳剂，稀释1000～1500倍液使用，防治菌蛆、螨类及跳虫效果较好。

（4）菇净 它是由杀虫杀螨剂复配而成的高效低毒杀虫、杀螨和杀线虫药剂，对成虫击倒力强，对螨虫的成螨和若螨都有快速毒害作用。对食用菌中的夜蛾、菇蚊、蚤蝇、跳虫、食丝谷蛾、白蚁等虫害都有明显的效果，可用于拌料、拌土处理，用量为1000～2000倍。浸泡菌袋用量在2000倍左右，菇床杀成虫喷雾用量在1000倍，杀幼虫用量在2000倍左右。

（5）吡虫啉 它属内吸传导性杀虫剂，对幼虫有效果，但对成虫无效果，使用商品为5%乳油，用量为1000倍左右。

（6）克螨特 它属触杀和胃毒型杀螨剂，对若螨和成螨有特效。使用剂量：30%可湿性粉剂使用倍数为1000倍或73%乳油3000倍液。

（7）锐劲特 它对菌蛆等双翅目及鳞翅目害虫等防治效果优良，处理土壤、避菇使用或无菇期针对目标喷雾，使用含量为50g/L悬浮剂2000～2500倍液。

（8）高效氟氯氰菊酯 它为广谱杀虫剂，对菌蛆及其成虫、跳虫、潮虫等有强烈的触杀和胃毒作用，对人畜毒性低。产品为2.5%乳油，使用含量为2000～3000倍液，在发菌、覆土期均可使用，用于喷洒菇棚或无菇期针对目标喷雾，在碱性介质中易分解。

（9）鱼藤精 鱼藤为豆科藤本植物，根部有毒，其中有效成分主要是鱼藤酮，一般含量为4%～6%，提取物为棕红色固体块状物，易氧化，对害虫有触杀和胃毒作用，还有一定驱避作用，杀虫作用缓慢，但效力持久，对人畜毒性低，但对鱼毒性大。产品有含鱼藤酮2.5%、5%、7%的乳油和含鱼藤酮4%的鱼藤粉，加水配成0.1%含量（鱼藤酮含量）使用，可防治菇蝇和跳虫等。用鱼藤精500g加中性肥皂250g、水100L，可防治甲壳虫、米象等。

（10）甲氨基阿维菌素苯甲酸盐 它对菇螨、跳虫等防效优，喷洒菇棚或无菇期针对目标喷雾，用量为1%乳油4000~5000倍液。

（11）食盐 用5%含量，可防治蜗牛、蛞蝓等。

六 病虫害防治注意事项

目前食用菌广泛使用的多种农药都未做过食用菌产品安全的相关分析，使用方法和估计的残留期都仅是以蔬菜为参考，然而食用菌与绿色植物的生理代谢不同，有关基础研究十分缺乏，对此需引起高度重视。

1）食用菌的病虫害防治应特别强调"预防为主，综合防治"的植保方针，坚持"以农业防治、生态防治、物理防治、生物防治为主，化学防治为辅"的治理原则。应以规范栽培管理技术预防为主，采取综合防控措施，确保食用菌产品的安全、优质。

2）按照《中华人民共和国农药管理条例》，剧毒和高毒农药不得在蔬菜生产中使用，食用菌作为蔬菜的一类也应完全参照执行，禁止使用剧毒、高毒、高残留或具"三致"毒性（致癌、致畸、致突变）、有异味异色污染及重金属制剂、杀鼠剂等化学农药。

3）不得在食用菌上使用国家明令禁止生产使用的农药种类；不得使用非农用抗生素。

4）有限度地使用高效、低毒、低残留化学农药或生物农药，要求不得在培养基质中和直接在子实体及菌丝体上随意使用化学农药及激素类物质，尤其是在出菇期间，要求于无菇时或避菇使用，并避开菌料以喷洒地面、环境或菌畦覆土为主，最后一次喷药至采菇间隔时间应超过该药剂的安全间隔期。

5）控制农药施用量和用药次数。在食用菌栽培的不同阶段，针对不同防治目的和对象，其用药种类、方法、浓度、剂量等，应遵守农药说明书的使用说明，不得随意、频繁、超量及盲目施药防治。出菇期间用药剂量、浓度应低于栽培前或发菌阶段的正常用药量。配药时应使用标准称量器具，如量筒、量杯、天平、小秤等。

6）交替轮换用药，减缓病菌、害虫抗药性的产生，正确复配、混用，避免长期使用单一农药品种。采用生物制剂与化学农药合理搭配的方法，降低化学农药的用量，防止发生药害。

7）选择科学的施药方式，使用合适的施药器具。常用的防治方法有喷雾法、撒施法、菌棒浸沾法、涂抹法、注射法、擦洗法、毒饵法、熏蒸法和土壤处理法等，应根据食用菌病虫危害特点有针对性地选择。

——第十四章——
平菇类珍稀菌高效栽培实例

案例1　平菇周年栽培技术

1. 栽培季节及品种选择

全年 3 次投料，栽培不同温型的平菇菌株，即可四季有鲜菇上市。

1）在 11 月上旬~第二年 1 月上旬选用低温型品种，进行生料栽培，采用 40cm×22cm×0.02cm 的聚乙烯筒袋，6 月中旬结束。

2）在 3 月中旬~5 月下旬选用高温型品种，进行熟料栽培，采用（18~20）cm×（40~42）cm×0.02cm 聚乙烯筒袋，10 月中旬结束。

3）在 8 月~9 月中旬选用广温型偏低温的品种，进行发酵料或生料栽培，第二年 1 月中旬结束。

2. 接种发菌

发酵料、生料、熟料栽培，均采用筒袋 3 层菌种，用菌量 20%，采用两头扎绳的方法，并刺孔、扎眼，通气发菌。发菌均采用"井"字形码堆法，堆与堆之间留 10cm 空隙，控制菌袋料温在 28℃ 以下，气温在 25℃ 以内，经 22~25 天即可发满菌袋。发菌期间翻堆 2~3 次，菌丝满袋后应继续巩固 7 天再进行温差等刺激催蕾出菇管理。

3. 出菇管理

出菇期间以水分管理为中心，通气管理为重点，温度也不能忽视。尤其在 4 ~ 10 月投料栽培易出现高温"烧菌"现象,可向出菇菌袋喷淋水,以降温增湿,出好菇、长大菇。3 ~ 4 月投料栽培的,出完 1 潮菇后,应补营养水 1 次,出完 3 ~ 4 潮菇后脱袋平地覆土出菇。8 ~ 9 月投料栽培的,出完 2 潮菇后补营养水 1 次,出完 4 潮菇后脱袋立体覆土出菇。

4. 适时采收

1) 11 月上旬~第二年 1 月上旬投料栽培的,12 月下旬~第二年 3 月中旬陆续出菇上市。此时气温低,子实体生长慢,前期 1 个月出 1 潮菇,后期 1 个月出 2 潮菇,这段时期的子实体质量佳,产量较高,售价也较好,1 月成熟采收比较好。

2) 3 月中旬~4 月下旬投料栽培的,5 月上旬~6 月上旬开始出菇上市,此时气温上升,子实体生长较快,2 个月出 5 潮菇,菌盖稍薄,菌柄略长,产量偏低,但售价高,7 ~ 8 月成熟采收较好。

3) 8 月上旬~9 月下旬投料栽培,子实体 9 月上旬~10 月下旬开始出菇上市,此时气温正适合平菇生长发育,子实体生长速度略快,前期 1 个月出 2 潮菇,后期 1 个月出 1 潮菇,子实体 8 ~ 9 月成熟时采收,质量较好,产量较高,但售价一般。

案例 2 春季林地简易棚畦栽榆黄菇技术

春季利用林地畦栽榆黄菇,林地枝繁叶茂,树冠遮阴,降低了后期棚温,延长了出菇时间;林间氧气含量充足,比林外温度低、温差大、空气相对湿度大,适合食用菌生长,可延长出菇期,增加种菇效益。同时,榆黄菇生长条件自然,管理粗放,省工省力并且林地空气清新,没有污染,生产的产品品质好,菇味浓,营养丰富。

1. 栽培季节

榆黄菇菌丝体生长温度为 10 ~ 30℃,最适为 23 ~ 27℃;子实体生长温度为 10 ~ 29℃,最适为 17 ~ 23℃。在山东林地畦栽可安排在 2 月中下旬开始做畦播种,4 月初~6 月底出菇。

2. 栽培场地

林地畦栽榆黄菇宜选择沙质土壤的片林或速生林中搭建简易菇棚覆土栽培的模式进行栽培;简易菇棚是采用竹竿或建筑铁管于林

地建成坚固框架结构，顶部加盖一层塑料布和一层遮阳网，四周底部用土压实，即形成简易菇棚。

3. 参考配方

1）玉米芯（粉碎成花生粒大小）70%，米糠26%，另加4%的石灰。

2）棉籽壳85%，麦麸10%，饼粉2%，另加石灰、过磷酸钙、石膏各1%。

以上配方均将含水量调至65%~70%，pH调到8.5~9.0。加水拌匀后堆料24h，然后做畦播种。

4. 做畦播种

在简易棚内做宽70cm、深25cm、长度不限的栽培畦。铺料前在畦内灌足底水，在水完全渗入后撒干石灰进行消毒，然后按每平方米25kg干料的量进行铺料，采用层播法播种。先铺约7cm厚的料，撒入25%的菌种；然后再铺约7cm厚的料，撒入25%的菌种；最后再铺8cm厚的料，撒入剩余的50%菌种。料要逐层压实，菌种用量为栽培干料重的15%~20%。

在栽培过程中也可根据实际情况，先做畦播种后再搭建简易菇棚。

5. 发菌管理

播种后进入发菌阶段，播种后的前5天料温控制在10~15℃，随后料温控制在20~24℃。气温低时可在料面覆盖一层报纸，再加盖薄膜保温发菌；气温高时可直接覆3cm厚的土进行发菌。在发菌过程中要经常通风换气，保持室内空气新鲜且略干燥为好，以防杂菌繁殖。一般经45天左右菌丝可长满整个培养料。

6. 覆土

(1) 覆土材料 覆土材料可就近采用挖畦土，或者选择菜园中地表10cm以下土质疏松、不易板结的土壤，拌入1%石灰、0.1%多菌灵和高效低毒杀虫剂（如敌百虫）及复合肥等，堆闷48h进行消毒处理，然后把土中药味散去后使用。

(2) 覆土 覆土土粒勿过大，最大土粒直径在1cm左右，覆土含水量调到能撒开即可。覆土厚度为3cm左右。

第十四章　平菇类珍稀菌高效栽培实例

7. 出菇管理

榆黄菇菌丝长满整个畦床后，在棚温15～30℃、空气相对湿度85%～95%条件下，经1～5天即可分化出榆黄菇原基，12～15天即可在畦面涌现大量菇蕾。子实体处于桑葚期时注意环境保湿（空气相对湿度控制在85%～90%），一般不宜直接向床面喷水；子实体生长期需大量新鲜空气和散射光照，注意保湿通风，喷水需勤喷雾状水，并注意每次喷水后加大通风量。若水分过多，容易造成死菇；若光线不足，菇体颜色浅黄至浅白不利于鲜嫩金黄色泽的优良商品菇形成。

8. 采收

当子实体菌盖发育至直径2～4cm、边缘内卷时即可采收，此时菇体色泽金黄、鲜嫩，烹饪时菇柄嫩、脆，特别适宜作为中餐、汤菜或火锅用菜；当子实体菌盖直径5cm以上，菇盖边缘渐平展、开始弹射孢子时须尽快采收，此时菇体色泽由金黄渐至浅黄，菇柄特别是基部烹饪时口感较绵，只适宜作为中餐用菜不宜作为火锅用菜；当子实体大量弹射孢子后，菇盖易碎，菇柄更绵，商品价值降低，须注意避免，尽快采收。

9. 转潮管理

每潮菇采收后，必须清理菇脚菇根及死菇、烂菇。用土覆平采菇后的孔洞和缝隙，让菌丝恢复生长，待现蕾时，再按正常出菇管理。

合理安排、科学规划食用菌生产所需的林木资源，可以达到以林种菇、以菇养林、菇林并茂，实现良性循环，是现代生态、绿色、高效、立体农业的典范。林地简易菇棚覆土栽培模式值得在广大速生林区推广。

案例3　利用木糖渣夏季生产秀珍菇

"木糖渣"是玉米芯（或甘蔗渣、农作物秸秆等）经酸水解提取木糖后的酸性废弃物，多为工厂生产木糖醇等产品的中间废料，含有丰富的纤维素、半纤维素和木质素，能为食用菌提供丰富的养分。近年来，随着棉花栽培面积的减少，以往作为栽培食用菌主要原料的棉籽壳的价格连年攀升，导致栽培成本增加，栽培效益降低，人们开始利用木糖渣试验栽培平菇类珍稀菌，如秀珍菇等，已经获得成功，并取得了较好的经济、生态和社会效益。通过在当地大面积推广，为农户和企业找到了一条双赢的增收途径。

1. 栽培配方

1）木糖渣 50%，玉米芯 20%，棉籽壳 20%，麸皮 10%，石膏粉适量。

2）木糖渣 40%，玉米芯 50%，麸皮 10%，石膏粉适量。

2. 拌料

先将各原料混合均匀，然后加水搅拌均匀，并用石灰水将培养料 pH 调至 8.0～8.5，料水比控制在 1:（1.1～1.3）。

3. 建堆发酵

培养料建成宽 1.5m、高 1.5m、长度不限的长形堆，料堆顶部每隔 0.5m 用粗 5cm 左右的木棒打一直通料底的通气孔，待堆温达 60℃以上保持 48h，然后装入 18cm×（36～38）cm 的聚乙烯塑料袋。

4. 灭菌

采用常压灭菌方式对菌袋进行灭菌，100℃下保持 8～10h。

5. 接种

待灭菌后的菌袋洁净冷却至 28℃左右时，对菌袋进行两头无菌接种。

6. 发菌

将菌袋移至通风良好的发菌室内进行避光培养，袋内料温控制在 25～30℃。

7. 出菇

用刀片在长满菌丝的菌袋两头各划长约 3cm 的出菇口，口深 0.5cm 左右，控制温度在 25～32℃、空气相对湿度 85%～90%、光照强度 200～800lx、CO_2 含量小于 0.1%。

加入木糖渣的培养料，都可提高秀珍菇产品的蛋白质含量，以本案例的秀珍菇培养料的前 3 潮菇生物转化率在 57.77%～69.88%、蛋白质 21.0%～22.1%，以棉籽壳、玉米芯为主要生产原料的生物转化率为 65.66%，蛋白质 20.4%。

利用木糖渣生产秀珍菇，比用棉籽壳、玉米芯栽培秀珍菇的菌丝萌发快，每投入1吨培养料，纯收入可提高421.8~1043.2元；加入木糖渣的秀珍菇菌袋都可缩短转潮时间，可提早上市、缩短生产周期、节省劳动力成本、提高经济效益。

附　录

附录A　食用菌菌种生产技术规程（NY/T 528—2010）

1. 范围

本标准规定了食用菌菌种生产的生产场地、厂房设置和布局、设备设施、使用品种、生产工艺流程、技术要求、标签、标志、包装、运输和贮存等。

本标准适用于不需要伴生菌的各种各级食用菌菌种生产。

2. 规范性引用文件

下列文件对于本文件的应用是必不可少的。凡是注日期的引用文件，仅注日期的版本适用于本文件。凡是不注日期的引用文件，其最新版本（包括所有的修改单）适用于本文件。

GB 191　包装储运图示标志（GB 191—2008，ISO 780：1997，MOD）

GB 9688　食品包装用聚丙烯成型品卫生标准

GB/T 12728—2006　食用菌术语

NY/T 1742—2009　食用菌菌种通用技术要求

3. 术语和定义

GB/T 12728—2006 界定的术语，以及下列术语和定义适用于本文件，为了便于使用，以下重复列出了 GB/T 12728—2006 中的一些术语和定义。

3.1　食用菌 edible mushroom

可食用的大型真菌，包括食用、食药兼用和药用三大类用途的种类。

3.2　品种 variety

经各种方法选育出来具特异性、一致（均一）性和稳定性可用于商业栽培的食用菌纯培养物。

3.3　菌种 spawn

生长在适宜基质上具有结实性的菌丝培养物，包括母种、原种和栽培种。

3.4　母种 stock culture

经各种方法选育得到的具有结实性的菌丝体纯培养物及其继代培养物，也称一级种、试管种。

3.5　原种 pre-culture spawn

由母种移植、扩大培养而成的菌丝体纯培养物。也称二级种。

3.6　栽培种 planting spawn

由原种移植、扩大培养而成的菌丝体纯培养物。栽培种只能用于栽培，不可再次扩大繁殖菌种。也称三级种。

3.7　种木 wood-pieces

采用一定形状大小的木质颗粒或树枝培养的纯培养物，也称种粒或种枝。

3.8　固体培养基 solid medium

以富含木质纤维素或淀粉类天然碳源物质为主要原料，添加适量的有机氮源和无机盐类，具一定水分含量的培养基。常用的主要原料有：木屑、棉籽壳、秸秆、麦粒、谷粒、玉米粒等，常用的有机氮源有麦麸、米糠等，常用的无机盐类有硫酸钙、硫酸镁、磷酸二氢钾等。固体培养基包括以阔叶树木屑为主要原料的木屑培养基、以草本植物为主要原料的草料培养基、以禾谷类种子为主要原料的谷粒培养基、以粪草为主要原料的粪草发酵料培养基、以种粒或种枝为主要原料的种木培养基、以棉籽壳为主要原料的棉籽壳培养基。

3.9　种性 characters of strain

食用菌的品种特性，是鉴别食用菌菌种或品种优劣的重要标准之一。一般包括对温度、湿度、酸碱度、光线和氧气的要求，抗逆性、丰产性、出菇迟早、出菇潮数、栽培周期、商品质量及栽培习性等农艺性状。

3.10　批次 spawn batch

同一来源、同一品种、同一培养基配方、同一天接种、同一培养条件和质量基本一致的符合规定数量的菌种。每批次数量母种≥

50 支，原种≥200 瓶（袋），栽培种≥2000 瓶（袋）。

4. 要求

4.1 技术人员

应有与菌种生产所需的相应专业技术人员，包括检验人员。

4.2 场地选择

4.2.1 基本要求

地势高燥，通风良好。排水畅通，交通便利。

4.2.2 环境卫生要求

300m 之内无规模养殖的禽畜舍、垃圾和粪便堆积场，无污水、废气、废渣、烟尘和粉尘污染源，50m 内无食用菌栽培场、集市贸易市场。

4.3 厂房设置和布局

4.3.1 厂房设置和建造

4.3.1.1 总则

有各自隔离的摊晒场、原材料库、配料分装室（场）、灭菌室、冷却室、接种室、培养室、贮存室、菌种检验室等。厂房建造从结构和功能上满足食用菌菌种生产的基本需要。

4.3.1.2 摊晒场

平坦高燥、通风良好、光照充足、空旷宽阔、远离火源。

4.3.1.3 原材料库

防雨，防潮，防虫，防鼠，防火，防杂菌污染。

4.3.1.4 配料分装室（场）

水电方便，空间充足。如果安排在室外，应有天棚，防雨防晒。

4.3.1.5 灭菌室

水电安全方便，操作安全，通风良好，排气通畅，进出料方便，热源配套。

4.3.1.6 冷却室

洁净、防尘、易散热。

4.3.1.7 接种室

防尘性能良好，内壁和屋顶光滑，易于清洗和消毒，换气方便，空气洁净。

附录

4.3.1.8 培养室和贮存室

内壁和屋顶光滑，便于清洗和消毒。墙壁厚度适当，利于控温、控湿，便于通风；有防虫防鼠措施。

4.3.1.9 菌种检验室

水电方便，利于装备相应的检验设备和仪器。

4.3.2 布局

应按菌种生产工艺流程合理安排布局，无菌区与有菌区有效隔离。

4.4 设备设施

4.4.1 基本设备

应具有磅秤、天平、高压灭菌锅或常压灭菌锅、超净工作台、接种箱、调温设备、除湿设备、培养架、恒温箱或培养室、冰箱或冷库、显微镜等常规用具。高压灭菌锅应使用经有资质部门生产与检验的安全合格产品。

4.4.2 基本设施

配料、分装、灭菌、冷却、接种、培养等各环节的设施应配套。冷却室、接种室、培养室和贮存室都要有满足其功能的基本配套设施，如控温设施、消毒设施。

4.5 使用品种

4.5.1 品种

从具相应技术资质的供种单位引种，且种性清楚。不应使用来历不明、种性不清、随意冠名的菌种和生产性状未经系统试验验证的组织分离物做种源生产菌种。

4.5.2 种源质量检验

母种生产单位每年在种源进入扩大生产程序之前，应进行菌种质量和种性检验，包括纯度、活力、菌丝长势的一致性、菌丝生长速度、菌落外观等，并做出菇试验，验证种性。种源出菇试验的方法及种源质量要求，应符合《食用菌菌种通用技术要求》（NY/T 1742—2009）中5.4的规定。

4.5.3 移植扩大

母种仅用于移植扩大原种，一支母种移植扩大原种不应超过6

瓶（袋）；原种移植扩大栽培种，一瓶谷粒种不应超过 50 瓶（袋），木屑种、草料种不应超过 35 瓶（袋）。

4.6 生产工艺流程

培养基配制→分装→灭菌→冷却→接种→培养（检查）→成品。

4.7 生产过程中的技术要求

4.7.1 容器

4.7.1.1 使用原则

每批次菌种的容器规格要一致。

4.7.1.2 母种

使用玻璃试管或培养皿，试管的规格 18mm × 180mm 或 20mm × 200mm，棉塞要使用梳棉或化纤棉，不应使用脱脂棉；也可用硅胶塞代替棉塞。

4.7.1.3 原种

使用 850mL 以下、耐 126℃ 高温的无色或近无色的、瓶口直径 ≤ 4cm 的玻璃瓶或近透明的耐高温塑料瓶，或 15cm × 28cm、耐 126℃ 高温、符合《食品包装用聚乙烯成型品卫生标准》（GB 9688）卫生规定的聚丙烯塑料袋，各类容器都应使用棉塞，棉塞应符合《食用菌菌种生产技术规程》4.7.1.2 规定；也可用能满足滤菌和透气要求的无棉塑料盖代替棉塞。

4.7.1.4 栽培种

使用符合《食用菌菌种生产技术规程》4.7.1.3 规定的容器，也可使用 ≤17cm × 35cm、耐 126℃ 高温、符合《食品包装用聚乙烯成型品卫生标准》（GB 9688）卫生规定的聚丙烯塑料袋。各类容器都应使用棉塞或无棉塑料盖，并符合《食用菌菌种生产技术规程》4.7.1.3 规定。

使用耐 126℃ 高温的具孔径 0.2 ~ 0.5μm 无菌透气膜的聚丙烯塑料袋，长宽厚为 630mm × 360mm × 80μm，无菌透气膜 2 个，大小 35mm × 35mm，或 495mm × 320mm × 60μm，无菌透气膜 1 个，大小 35mm × 35mm。

4.7.2 培养原料

4.7.2.1 化学试剂类

这类原料如硫酸镁、磷酸二氢钾等，要使用化学纯级试剂或以上级别的试剂。

4.7.2.2　生物制剂和天然材料类

生物制剂如酵母粉和蛋白胨，天然材料如木屑、棉籽壳、麦麸等，要求新鲜、无虫、无螨、无霉、洁净、干燥。

4.7.3　培养基配方

4.7.3.1　母种培养基

一般使用附录A1规定的马铃薯葡萄糖琼脂培养基（PDA）或综合马铃薯葡萄糖琼脂培养基（CPDA），特殊种类需加入其生长所需特殊物质，如酵母粉、蛋白胨、麦芽汁、麦芽糖等，但不应过富。严格掌握pH。

4.7.3.2　原种和栽培种培养基

根据当地原料资源和所生产品种的要求，使用适宜的培养基配方（见附录B1），严格掌握含水量和pH，培养料填装要松紧适度。

4.7.4　灭菌

培养基配制后应在4h内进锅灭菌。母种培养基灭菌0.11～0.12MPa，30min。木屑培养基和草料培养基灭菌0.12MPa，1.5h或0.14～0.15MPa，1h；谷粒培养基、粪草培养基和种木培养基灭菌0.14～0.15MPa，2.5h。装容量较大时，灭菌时间要适当延长。灭菌完毕后，应自然降压，不应强制降压。常压灭菌时，在3h之内使灭菌室温度达到100℃，保持100℃10～12h。母种培养基、原种培养基、谷粒培养基、粪草培养基和种木培养基，应高压灭菌，不应常压灭菌。灭菌时应防止棉塞被冷凝水打湿。

4.7.5　灭菌效果的检查

母种培养基随机抽取3%～5%的试管，直接置于28℃恒温培养；原种和栽培种培养基按每次灭菌的数量随机抽取1%作为样品，挑取其中的基质颗粒经无菌操作接种于附录A.1规定的PDA培养基中，于28℃恒温培养；48h后检查，无微生物长出的为灭菌合格。

4.7.6　冷却

冷却室使用前要进行清洁和除尘处理。然后转入待接种的原种瓶（袋）或栽培种瓶（袋），自然冷却到适宜温度。

4.7.7 接种

4.7.7.1 接种室（箱）的基本处理程序

清洁→搬入接种物和被接种物→接种室（箱）的消毒处理。

4.7.7.2 接种室（箱）的消毒方法

用药物消毒后，再用紫外灯照射。

4.7.7.3 超净工作台的消毒处理方法

先用 75% 酒精或新洁尔灭溶液进行表面擦拭消毒，然后预净 20min。

4.7.7.4 接种操作

在无菌室（箱）或超净工作台上严格按无菌操作接种。每一箱（室）接种应为单一品种，避免错种，接种完成后及时贴好标签。

4.7.7.5 接种点

各级菌种都应从容器开口处一点接种，不应打孔多点接种。

4.7.7.6 接种室（箱）后处理

接种室（箱）每次使用后，要及时清理清洁，排除废气，清除废物，台面要用 75% 酒精或新洁尔灭溶液擦拭消毒。

4.7.8 培养室处理

在使用培养室的前两天，采用无扬尘方法清洁，并进行药物消毒和杀虫。

4.7.9 培养条件

不同种类或不同品种应分区培养。根据培养物的不同生长要求，给予其适宜的培养温度（多在室温 20～24℃），保持空气相对湿度在 75% 以下，通风，避光。

4.7.10 培养期的检查

各级菌种培养期间应定期检查，及时拣出不合格菌种。

4.7.11 入库

完成培养的菌种要及时登记入库。

4.7.12 记录

生产各环节应详细记录。

4.7.13 留样

各级菌种都应留样备查，留样的数量应以每个批号 3 支（瓶、袋）。草菇在 13～16℃贮存；除竹荪、毛木耳的母种不适于冰箱贮存外，其他种类有条件时，母种于 4～6℃贮存、原种和栽培种于 1～4℃下，贮存至使用者购买后在正常生产条件下该批菌种出第一潮菇（耳）。

5. 标签、标志、包装、运输和贮存

5.1 标签、标志

出售的菌种应贴标签。注明菌种种类、品种、级别、接种日期、生产单位、地址电话等，外包装上应有防晒、防潮、防倒立、防高温、防雨、防重压等标志，标志应符合 GB 191 的规定。

5.2 包装

母种的外包装用木盒或有足够强度的纸盒，原种和栽培种的外包装用木箱或有足够强度的纸箱，盒（箱）内除菌种外的空隙用轻质材料填满塞牢，盒（箱）内附使用说明书。

5.3 运输

各级菌种运输时不得与有毒有害物品混装混运，运输中应有防晒、防潮、防雨、防冻、防震及防止杂菌污染的设施与措施。

5.4 贮存

应在干燥、低温、无阳光直射、无污染的场所贮存。草菇在 13～16℃贮存；除竹荪、毛木耳母种不适于冰箱贮存外，其他种类有条件时，母种于 4～6℃、原种和栽培种于 1～4℃的冰箱或冷库内贮存。

附录 A1

（规范性附录）

母种常用培养基及其配方

1. PDA 培养基（马铃薯葡萄糖琼脂培养基）

马铃薯 200g（用浸出汁），葡萄糖 20g，琼脂 20g，水 1000mL，pH 自然。

2. CPDA 培养基（综合马铃薯葡萄糖琼脂培养基）

马铃薯200g（用浸出汁），葡萄糖20g，磷酸二氢钾2g，硫酸镁0.5g，琼脂20g，水1000mL，pH值自然。

附录A2

（规范性附录）

原种和栽培种常用培养基配方及其适用种类

1. 以木屑为主料的培养基配方

适用于香菇、黑木耳、毛木耳、平菇、金针菇、滑菇、鸡腿菇、真姬菇等多数木腐菌类。

1.1 阔叶树木屑78%，麸皮20%，糖1%，石膏1%，含水量58%±2%。

1.2 阔叶树木屑63%，棉籽壳15%，麸皮20%，糖1%，石膏1%，含水量58%±2%。

1.3 阔叶树木屑63%，玉米芯粉15%，麸皮20%，糖1%，石膏1%，含水量58%±2%。

2. 以棉籽壳为主料的培养基

适用于黑木耳、毛木耳、金针菇、滑菇、真姬菇、杨树菇、鸡腿菇、侧耳属等多数木腐菌类。

2.1 棉籽壳99%，石膏1%，含水量60%±2%。

2.2 棉籽壳84%～89%，麦麸10%～15%，石膏1%，含水量60%±2%。

2.3 棉籽壳54%～69%，玉米芯20%～30%，麦麸10%～15%，石膏1%，含水量60%±2%。

2.4 棉籽壳54%～69%，阔叶树木屑20%～30%，麦麸10%～15%，石膏1%，含水量60%±2%。

3. 以棉籽壳或稻草为主的培养基

适用于草菇。

3.1 棉籽壳99%，石灰1%，含水量68%±2%。

3.2 棉籽壳84%～89%，麦麸10%～15%，石灰1%，含水量68%±2%。

3.3 棉籽壳44%，碎稻草40%，麦麸15%，石灰1%，含水量68%±2%。

4. 腐熟料培养基

适用于双孢蘑菇、大肥菇、姬松茸等蘑菇属的种类。

4.1 腐熟麦秸或稻草（干）77%，腐熟牛粪粉（干）20%，石膏粉1%，碳酸钙2%，含水量62%±1%，pH 7.5。

4.2 腐熟棉籽壳（干）97%，石膏粉1%，碳酸钙2%，含水量55%±1%，pH 7.5。

5. 谷粒培养基

小麦、谷子、玉米或高粱97%~98%，石膏2%~3%，含水量50%±1%，适用于双孢蘑菇、大肥菇、姬松茸等蘑菇属的种类，也可用于侧耳属各种和金针菇的原种。

6. 以种木为主料的培养基

阔叶木种木70%~75%，附录A2中1.1配方的培养基25%~30%。

附录 B　食用菌生产常用原料及环境控制对照表

表 B-1　农作物秸秆及副产品化学成分（%）

种　类		水分	粗蛋白质	粗脂肪	粗纤维（含木质素）	无氮浸出物（可溶性碳水化合物）	粗灰分
秸秆类	稻草	13.4	1.8	1.5	28.0	42.9	12.4
	小麦秆	10.0	3.1	1.3	32.6	43.9	9.1
	大麦秆	12.9	6.4	1.6	33.4	37.8	7.9
	玉米秆	11.2	3.5	0.8	33.4	42.7	8.4
	高粱秆	10.2	3.2	0.5	33.0	48.5	4.6
	黄豆秆	14.1	9.2	1.7	36.4	34.2	4.4
	棉秆	12.6	4.9	0.7	41.4	36.6	3.8
	棉铃壳	13.6	5.0	1.5	34.5	39.5	5.9
	甘薯藤（鲜）	89.8	1.2	0.1	1.4	7.4	0.2
	花生藤	11.6	6.6	1.2	33.2	41.3	6.1

种　类		水分	粗蛋白质	粗脂肪	粗纤维（含木质素）	无氮浸出物（可溶性碳水化合物）	粗灰分
副产品类	稻壳	6.8	2.0	0.6	45.3	28.5	16.9
	统糠	13.4	2.2	2.8	29.9	38.0	13.7
	细米糠	9.0	9.4	15.0	11.0	46.0	9.6
	麦麸	12.1	13.5	3.8	10.4	55.4	4.8
	玉米芯	8.7	2.0	0.7	28.2	58.4	20.0
	花生壳	10.1	7.7	5.9	59.9	10.4	6.0
	玉米糠	10.7	8.9	4.2	1.7	72.6	1.9
	高粱糠	13.5	10.2	13.4	5.2	50.0	7.7
	豆饼	12.1	35.9	6.9	4.6	34.9	5.1
	豆渣	7.4	27.7	10.1	15.3	36.3	3.2
	菜饼	4.6	38.1	11.4	10.1	29.9	5.9
	芝麻饼	7.8	39.4	5.1	10.0	28.6	9.1
	酒糟	16.7	27.4	2.3	9.2	40.0	4.4
	淀粉渣	10.3	11.5	0.71	27.3	47.3	2.9
	蚕豆壳	8.6	18.5	1.1	26.5	43.2	3.1
	废棉	12.5	7.9	1.6	38.5	30.9	8.6
	棉仁粕	10.8	32.6	0.6	13.6	36.3	5.6
	花生饼	—	43.7	5.7	3.7	30.9	—
谷类、薯类	稻谷	13.0	9.1	2.4	8.9	61.3	5.4
	大麦	14.5	10.0	1.9	4.0	67.1	2.5
	小麦	13.5	10.7	2.2	2.8	68.9	1.9
	黄豆	12.4	36.6	14.0	3.9	28.9	4.2
	玉米	12.2	9.6	5.6	1.5	69.7	1.0
	高粱	12.5	8.7	3.5	4.5	67.6	3.2

附录

（续）

种　　类		水分	粗蛋白质	粗脂肪	粗纤维（含木质素）	无氮浸出物（可溶性碳水化合物）	粗灰分
谷类、薯类	小米	13.3	9.8	4.3	8.5	61.9	2.2
	马铃薯	75.0	2.1	0.1	0.7	21.0	1.1
	甘薯	9.8	4.3	0.7	2.2	80.7	2.3
其他	血粉	14.3	80.4	0.1	0	1.4	3.8
	鱼粉	9.8	62.6	5.3	0	2.7	19.6
	蚕粪	10.8	13.0	2.1	10.1	53.7	10.3
	槐树叶粉	11.7	18.4	2.6	9.5	42.5	15.2
	松针粉	16.7	9.4	5.0	29.0	37.4	2.5
	木屑	—	1.5	1.1	71.2	25.4	—
	蚯蚓粉	12.7	59.5	3.3	—	7.0	17.6
	芦苇	—	7.3	1.2	24.0	—	12.2
	棉籽壳	—	4.1	2.9	69.0	2.2	11.4
	蔗渣	—	1.4	—	18.1	—	2.04

表 B-2　农副产品主要矿质元素含量

种类	钙（%）	磷（%）	钾（%）	钠（%）	镁（%）	铁（%）	锌（%）	铜/（mg/kg）	锰/（mg/kg）
稻草	0.283	0.075	0.154	0.128	0.028	0.026	0.002	—	25.8
稻壳	0.080	0.074	0.321	0.088	0.021	0.004	0.071	1.6	42.4
米糠	0.105	1.920	0.346	0.016	0.264	0.040	0.016	3.4	85.2
麦麸	0.066	0.840	0.497	0.099	0.295	0.026	0.056	8.6	60.0
黄豆秆	0.915	0.210	0.482	0.048	0.212	0.067	0.048	7.2	29.2
豆饼粉	0.290	0.470	1.613	0.014	0.144	0.020	0.012	24.2	28.0
芝麻饼	0.722	1.070	0.723	0.099	0.331	0.066	0.024	54.2	32.0

种类	钙 （%）	磷 （%）	钾 （%）	钠 （%）	镁 （%）	铁 （%）	锌 （%）	铜/ （mg/kg）	锰/ （mg/kg）
蚕豆麸	0.190	0.260	0.488	0.048	0.146	0.065	0.038	2.7	12.0
豆腐渣	0.460	0.320	0.320	0.120	0.079	0.025	0.010	9.5	17.2
酱渣	0.550	0.125	0.290	1.000	0.110	0.037	0.023	44.0	12.4
淀粉渣	0.144	0.069	0.042	0.012	0.033	0.016	0.010	8.0	—
稻谷	0.770	0.305	0.397	0.022	0.055	0.055	0.044	21.3	23.6
小麦	0.040	0.320	0.277	0.006	0.072	0.008	0.009	8.3	11.2
大麦	0.106	0.320	0.362	0.031	0.042	0.007	0.011	5.4	18.0
玉米	0.049	0.290	0.503	0.037	0.065	0.005	0.014	2.5	—
高粱	0.136	0.230	0.560	0.079	0.018	0.010	0.004	413.7	10.2
小米	0.078	0.270	0.391	0.065	0.073	0.007	0.008	195.4	15.6
甘薯	0.078	0.086	0.195	0.232	0.038	0.048	0.016	4.7	19.1

表 B-3　牲畜粪的化学成分（%）

类	别	水分	有机质	矿物质	氮（N）	磷（P_2O_5）	钾（K_2O）
干粪	猪粪	—	82	—	3~4	2.7~4	2~3.3
	黄牛粪	—	90	—	1.62	0.7	2.1
	马粪	—	84	—	1.6~2	0.8~1.2	1.4~1.8
	牛粪	—	73	—	1.65~2.48	0.85~1.38	0.25~1
鲜粪	马粪	76.5	21	3.9	0.47	0.30	0.30
	黄牛粪	82.4	15.2	3.6	0.30	0.18	0.18
	水牛粪	81.1	12.7	5.3	0.26	0.18	0.17
	猪粪	80.7	17.0	3.0	0.59	0.46	0.43
	家禽	57	29.3		1.46	1.17	0.62
尿	马尿	89.6	8.0	8.0	1.29	0.01	1.39
	黄牛尿	92.6	4.8	2.1	1.22	0.01	1.35
	水牛尿	81.6	—		0.62	极少	1.60
	猪尿	96.6	1.5	1.0	0.38	0.10	0.99

表 B-4　各种培养料的碳氮比（C/N）

种　类	碳（%）	氮（%）	碳氮比（C/N）
木屑	49.18	0.10	491.80
栎落叶	49.00	2.00	24.50
稻草	45.39	0.63	72.30
大麦秆	47.09	0.64	73.58
玉米秆	46.69	0.53	88.09
小麦秆	47.03	0.48	98.00
棉籽壳	56.00	2.03	27.59
稻壳	41.64	0.64	65.00
甘蔗渣	53.07	0.63	84.24
甜菜渣	56.50	1.70	33.24
麸皮	44.74	2.20	20.34
玉米粉	52.92	2.28	23.21
米糠	41.20	2.08	19.81
啤酒糟	47.70	6.00	7.95
高粱酒糟	37.12	3.94	9.42
豆腐渣	9.45	7.16	1.32
马粪	11.60	0.55	21.09
猪粪	25.00	0.56	44.64
黄牛粪	38.60	1.78	21.70
水牛粪	39.78	1.27	31.30
奶牛粪	31.79	1.33	24.00
羊粪	16.24	0.65	24.98
兔粪	13.70	2.10	6.52
鸡粪	14.79	1.65	8.96
鸭粪	15.20	1.10	13.82
纺织屑	59.00	2.32	22.00
沼气肥	22.00	0.70	31.43
花生饼	49.04	6.32	7.76
大豆饼	47.46	7.00	6.78

表 B-5 培养料含水量（一）

每100kg 干料中加入的水/L	料水比（料:水）	含水量（%）	每100kg 干料中加入的水/L	料水比（料:水）	含水量（%）
75	1:0.75	50.3	130	1:1.3	62.2
80	1:0.8	51.7	135	1:1.35	63.0
85	1:0.85	53.0	140	1:1.4	63.8
90	1:0.9	54.2	145	1:1.45	64.5
95	1:0.95	55.4	150	1:1.5	65.2
100	1:1	56.5	155	1:1.55	65.9
105	1:1.05	57.6	160	1:1.6	66.5
110	1:1.1	58.6	165	1:1.65	67.2
115	1:1.15	59.5	170	1:1.7	67.8
120	1:1.2	60.5	175	1:1.75	68.4
125	1:1.25	61.3	180	1:1.8	68.9

注：1. 风干培养料含结合水的量以13%计。

2. 含水量计算公式：含水量（%）$= \dfrac{\text{加水重量} + \text{培养料含结合水的量}}{\text{培养料干重} + \text{加入的水重量}} \times 100\%$。

表 B-6 培养料含水量（二）

含水量（%）	料水比	含水量（%）	料水比	含水量（%）	料水比	含水量（%）	料水比	含水量（%）	料水比
15	1:0.176	31	1:0.449	47	1:0.885	63	1:1.703	79	1:3.762
16	1:0.190	32	1:0.471	48	1:0.923	64	1:1.777	80	1:4.000
17	1:0.205	33	1:0.493	49	1:0.960	65	1:1.857	81	1:4.263
18	1:0.220	34	1:0.515	50	1:1.000	66	1:1.941	82	1:4.556
19	1:0.235	35	1:0.538	51	1:1.040	67	1:2.030	83	1:4.882
20	1:0.250	36	1:0.563	52	1:1.083	68	1:2.215	84	1:5.250
21	1:0.266	37	1:0.587	53	1:1.129	69	1:2.226	85	1:5.667
22	1:0.282	38	1:0.613	54	1:1.174	70	1:2.333	86	1:6.143
23	1:0.299	39	1:0.639	55	1:1.222	71	1:2.448	87	1:6.692
24	1:0.316	40	1:0.667	56	1:1.272	72	1:2.571	88	1:7.333
25	1:0.333	41	1:0.695	57	1:1.326	73	1:2.704	89	1:8.091
26	1:0.350	42	1:0.724	58	1:1.381	74	1:2.846	90	1:9.100
27	1:0.370	43	1:0.754	59	1:1.439	75	1:3.000		
28	1:0.389	44	1:0.786	60	1:1.500	76	1:3.167		
29	1:0.408	45	1:0.818	61	1:1.564	77	1:3.348		
30	1:0.429	46	1:0.852	62	1:1.632	78	1:3.545		

注：1. 风干培养料，不考虑所含结合水。

2. 计算公式：含水量（%）$= \dfrac{(\text{干料重} + \text{水重}) - \text{干料重}}{\text{总重量}} \times 100\%$。

表 B-7　培养料含水量（三）

要求达到的含水量（%）	每100kg干料应加入的水/L	料水比（料∶水）	要求达到的含水量（%）	每100kg干料应加入的水/L	料水比（料∶水）
50.0	74.0	1∶0.74	58.0	107.1	1∶1.07
50.5	75.8	1∶0.76	58.5	109.6	1∶1.10
51.0	77.6	1∶0.78	59.0	112.2	1∶1.12
51.5	79.4	1∶0.79	59.5	114.8	1∶1.15
52.0	81.3	1∶0.81	60.0	117.5	1∶1.18
52.5	83.2	1∶0.83	60.5	120.3	1∶1.20
53.0	85.1	1∶0.85	61.0	123.1	1∶1.23
53.5	87.1	1∶0.87	61.5	126.0	1∶1.26
54.0	89.1	1∶0.89	62.0	128.9	1∶1.29
54.5	91.2	1∶0.91	62.5	132.0	1∶1.32
55.0	93.3	1∶0.93	63.0	135.1	1∶1.35
55.5	95.5	1∶0.96	63.5	138.4	1∶1.38
56.0	97.7	1∶0.98	64.0	141.7	1∶1.42
56.5	100.0	1∶1	64.5	145.1	1∶1.45
57.0	102.3	1∶1.02	65.0	148.6	1∶1.49
57.5	104.7	1∶1.05	65.5	152.2	1∶1.52

注：1. 风干培养料含结合水的量以13%计。

　2. 每100kg干料应加入的水计算公式：100kg干料应加入的水（L）= $\dfrac{含水量-培养料含结合水的量}{1-含水率}$ 。

表 B-8 相对湿度对照表（%）

干球温度/℃	干球温度－湿球温度					干球温度/℃	干球温度－湿球温度				
	1℃	2℃	3℃	4℃	5℃		1℃	2℃	3℃	4℃	5℃
40	93	87	80	74	68	24	90	80	71	62	53
39	93	86	79	73	67	23	90	80	70	61	52
38	93	86	79	73	67	22	89	79	69	60	50
37	93	86	79	72	66	21	89	79	68	58	48
36	93	85	78	72	65	20	89	78	67	57	47
35	93	85	78	71	65	19	88	77	66	56	45
34	92	85	78	71	64	18	88	76	65	54	43
33	92	84	77	70	63	17	88	76	64	52	41
32	92	84	77	69	62	16	87	75	62	50	39
31	92	84	76	69	61	15	87	74	60	48	37
30	92	83	75	68	60	14	86	73	59	46	34
29	92	83	75	67	59	13	86	71	57	44	32
28	91	83	74	66	59	12	85	70	56	42	
27	91	82	74	65	58	11	84	69	54	40	
26	91	82	73	64	56	10	84	68	52		
25	90	81	72	63	55	9	83	66	50		

注：1 标准大气压 = 101.325kPa。

表 B-9 照度与灯光功率对照表

光照强度/lx	白炽灯（普通灯泡）单位功率/（W/m²）	20m² 菇房灯光布置/W
1 ~ 5	1 ~ 4	25 ~ 80
5 ~ 10	4 ~ 6	80 ~ 120
15	5 ~ 7	100 ~ 140
20	6 ~ 8	120 ~ 160
30	8 ~ 12	160 ~ 240
45 ~ 50	10 ~ 15	160 ~ 300
50 ~ 100	15 ~ 25	300 ~ 500

注：勒克斯（lx），光照强度单位，等于 1 流明（lm）的光通量均匀照在 1m² 表面上所产生的度数。例如：适宜阅读的光照强度为 60 ~ 100lx。

表 B-10 环境二氧化碳（CO_2）含量对人和食用菌生理影响

二氧化碳含量（%）	人的生理反应	食用菌生理反应
0.05	舒适	子实体生长正常
0.1	无不舒适感觉	香菇、平菇、金针菇出现长菇柄
1.0	感觉到不适	典型畸形菇，柄长、盖小或无菌盖
1.55	短期无明显影响	子实体不发生（多数）
2.0	烦闷，气喘，头晕	子实体不发生（多数）
3.5	呼吸较为困难，很烦闷	子实体不发生（多数）
5.0	气喘，呼吸很困难，精神紧张，有时呕吐	子实体不发生（多数）
6.0	出现昏迷	子实体不发生（多数）

表 B-11 常用消毒剂的配制及使用方法

品名	使用浓度	配制方法	用途	注意事项
乙醇	75%	95%乙醇75mL加水20mL	手、器皿、接种工具及分离材料的表面消毒 防治对象：细菌、真菌	易燃、防着火
苯酚（石炭酸）	3%~5%	95~97mL水中加入苯酚3~5g	空间及物体表面消毒 防治对象：细菌、真菌	防止腐蚀皮肤
来苏儿	2%	50%来苏儿40mL加水960mL	皮肤及空间、物体表面消毒 防治对象：细菌、真菌	配制时勿使用硬度高的水

品名	使用浓度	配制方法	用途	注意事项
甲醛（福尔马林）	5%或原液每立方米10mL熏蒸	40%甲醛溶液12.5mL加蒸馏水87.5mL	空间及物体表面消毒，原液加等量的高锰酸钾混合或加热熏蒸 防治对象：细菌、真菌	刺激性强，注意皮肤及眼睛的保护
新洁尔灭	0.25%	5%新洁尔灭50mL加蒸馏水950mL	用于皮肤、器皿及空间消毒 防治对象：细菌、真菌	不能与肥皂等阴离子洗涤剂同用
高锰酸钾	0.1%	高锰酸钾1g加水1000mL	皮肤及器皿表面消毒 防治对象：细菌、真菌	随配随用、不宜久放
过氧乙酸	0.2%	20%过氧乙酸2mL加蒸馏水98mL	空间喷雾及表面消毒 防治对象：细菌、真菌	对金属腐蚀性强，勿与碱性物品混用
漂白粉	5%	漂白粉50g加水950mL	喷洒、浸泡与擦洗消毒 防治对象：细菌	对服装有腐蚀和脱色作用，防止溅在服装上，注意皮肤和眼睛的保护
碘酒	2%~2.4%	碘化钾2.5g、蒸馏水72mL、95%乙醇73mL	用于皮肤表面消毒 防治对象：细菌、真菌	不能与汞制剂混用
升汞（氯化汞）	0.1%	取1g升汞溶于25mL浓盐酸中，加水1000mL	分离材料表面消毒	剧毒

附录

（续）

品名	使用浓度	配制方法	用　途	注意事项
硫酸铜	5%	取5g硫酸铜加水95mL	菌床上局部杀菌或出菇场地的杀菌　防治对象：真菌	不能贮存于铁器中
硫黄	每立方米空间15~20g	直接点燃使用	用于接种和出菇场所空间熏蒸消毒　防治对象：细菌、真菌	先将墙面和地面喷水预湿，防止腐蚀金属器皿
甲基托布津	0.1%或1:500~800倍	0.1%的水溶液	对接种钩和出菇场所空间喷雾消毒　防治对象：真菌	不能用于木耳类、猴头菇、羊肚菌的培养料中
多菌灵	1:1000倍拌料，或1:500倍喷洒	用0.1%~0.2%的水溶液	喷洒床畦消毒　防治对象：真菌、半知菌	不能用于木耳类、猴头菇、羊肚菌的培养料中
气雾消毒剂	每立方米2~3g	直接点燃熏蒸	接种室、培养室和菇房内熏蒸消毒	易燃，对金属有腐蚀作用

表 B-12　常用消毒剂的防治对象及使用方法

名　称	防治对象	用法与用量
甲醛	线虫	5%喷洒，每立方米喷洒250~500mL
苯酚	害虫、虫卵	3%~4%的水溶液喷洒环境
漂白粉	线虫	0.1%~1%喷洒
二嗪农	菇蝇、瘿蚊	每吨料用20%的乳剂57mL喷洒
除虫菊酯类	菇蝇、菇蚊、蛆	见商品说明，3%乳油稀释500~800倍喷雾
磷化铝	各种害虫	每立方米9g密封熏蒸杀虫
鱼藤精	菇蝇、跳虫	0.1%水溶液喷雾

名　称	防　治　对　象	用法与用量
食盐	蜗牛、蛞蝓	5%的水溶液喷雾
对二氯苯	螨类	每立方米50g熏蒸
杀螨砜	螨类、小马陆弹尾虫	1:800～1000倍水溶液喷雾
溴氰菊酯	尖眼菌蚊、菇蝇、瘿蚊等	用2.5%药剂稀释300～400倍喷洒

附录C　常见计量单位名称与符号对照表

量 的 名 称	单 位 名 称	单 位 符 号
长度	千米	km
	米	m
	厘米	cm
	毫米	mm
	微米	μm
面积	公顷	ha
	平方千米（平方公里）	km²
	平方米	m²
体积	立方米	m³
	升	L
	毫升	mL
质量	吨	t
	千克（公斤）	kg
	克	g
	毫克	mg
物质的量	摩尔	mol
时间	小时	h
	分	min
	秒	s
温度	摄氏度	℃
平面角	度	(°)

附
录

量 的 名 称	单 位 名 称	单 位 符 号
能量，热量	兆焦	MJ
	千焦	kJ
	焦［耳］	J
功率	瓦［特］	W
	千瓦［特］	kW
电压	伏［特］	V
压力，压强	帕［斯卡］	Pa
电流	安［培］	A

参考文献

[1] 图力古尔，李玉. 我国侧耳属真菌的种类资源及其生态地理分布 [J]. 中国食用菌，2001，20（5）：8-10.

[2] 王呈玉. 中国侧耳属 [*Pleurotus*（Fr.）Kumm.] 真菌系统分类学研究 [D]. 长春：吉林农业大学，2004.

[3] 黄年来，林志彬，陈国良，等. 中国食药用菌学 [M]. 上海：上海科学技术文献出版社，2010.

[4] 王世东. 食用菌 [M]. 2版. 北京：中国农业大学出版社，2010.

[5] 崔长玲，牛贞福. 秸秆无公害高效栽培食用菌实用技术 [M]. 南昌：江西科学技术出版社，2009.

[6] 刘培军，张曰林. 作物秸秆综合利用 [M]. 济南：山东科学技术出版社，2009.

[7] 陈青君，程继鸿. 食用菌栽培技术问答 [M]. 北京：中国农业大学出版社，2008.

[8] 周学政. 精选食用菌栽培新技术250问 [M]. 北京：中国农业出版社，2007.

[9] 张金霞，谢宝贵. 食用菌菌种生产与管理手册 [M]. 北京：中国农业出版社，2006.

[10] 黄年来. 食用菌病虫诊治（彩色）手册 [M]. 北京：中国农业出版社，2001.

[11] 郭美英. 中国金针菇生产 [M]. 北京：中国农业出版社，2001.

[12] 陈士瑜. 菇菌生产技术全书 [M]. 北京：中国农业出版社，1999.

[13] 刘崇汉. 蘑菇高产栽培400问 [M]. 南京：江苏科学技术出版社，1995.

[14] 郑其春，陈荣庄，陆志平，等. 食用菌主要病虫害及其防治 [M]. 北京：中国农业出版社，1997.

[15] 杭州市科学技术委员会. 食用菌模式栽培新技术 [M]. 杭州：浙江科学技术出版社，1994.

[16] 牛贞福，刘敏，国淑梅. 秋季袋栽香菇菌棒成品率低的原因及提高成品率措施 [J]. 食用菌，2012（2）：48-51.

[17] 牛贞福，刘敏，国淑梅. 冬季平菇生理性死菇原因及防止措施 [J].

平
菇
类
珍稀
菌
高效
栽
培

北方园艺，2011（2）：180.

[18] 牛贞福，国淑梅，崔长玲. 夏季林地香菇地栽技术 [J]. 食用菌，2010（4）：45-46.

[19] 牛贞福，国淑梅，崔长玲. 平菇绿霉菌的发生原因及防治措施 [J]. 食用菌，2007（5）：56.

ISBN：978-7-111-60727-4
定价：39.80 元

ISBN：978-7-111-60237-8
定价：39.80 元

ISBN：978-7-111-52723-7
定价：39.80 元

ISBN：978-7-111-53325-2
定价：26.80 元

ISBN：978-7-111-57310-4
定价：29.80 元

ISBN：978-7-111-47467-8
定价：25.00 元

ISBN：978-7-111-56476-8
定价：39.80 元

ISBN：978-7-111-52107-5
定价：25.00 元

ISBN：978-7-111-55670-1
定价：49.80 元

ISBN：978-7-111-57263-3
定价：39.80 元

书　目

书　名	定价	书　名	定价
草莓高效栽培	22.80	黄瓜高效栽培	22.80
棚室草莓高效栽培	29.80	番茄高效栽培	25.00
葡萄高效栽培	25.00	大蒜高效栽培	25.00
棚室葡萄高效栽培	25.00	葱高效栽培	25.00
苹果高效栽培	22.80	生姜高效栽培	19.80
甜樱桃高效栽培	29.80	辣椒高效栽培	25.00
棚室大樱桃高效栽培	18.80	棚室黄瓜高效栽培	25.00
棚室桃高效栽培	22.80	棚室番茄高效栽培	25.00
棚室甜瓜高效栽培	25.00	图说番茄病虫害诊断与防治	25.00
棚室西瓜高效栽培	25.00	图说黄瓜病虫害诊断与防治	19.90
果树安全优质生产技术	19.80	棚室蔬菜高效栽培	25.00
图说葡萄病虫害诊断与防治	25.00	图说辣椒病虫害诊断与防治	22.80
图说樱桃病虫害诊断与防治	25.00	图说茄子病虫害诊断与防治	25.00
图说苹果病虫害诊断与防治	25.00	图说玉米病虫害诊断与防治	29.80
图说桃病虫害诊断与防治	25.00	食用菌高效栽培	39.80
枣高效栽培	23.80	平菇类珍稀菌高效栽培	29.80
葡萄优质高效栽培	25.00	耳类珍稀菌高效栽培	26.80
猕猴桃高效栽培	29.80	苦瓜高效栽培（南方本）	19.90
无公害苹果高效栽培与管理	29.80	百合高效栽培	25.00
李杏高效栽培	29.80	图说黄秋葵高效栽培（全彩版）	25.00
砂糖橘高效栽培	29.80	马铃薯高效栽培	22.80
图说桃高效栽培关键技术	25.00	果园无公害科学用药指南	39.80
图说果树整形修剪与栽培管理	49.80	天麻高效栽培	29.80
图解庭院花木修剪	29.80	图说三七高效栽培	35.00
板栗高效栽培	22.80	图说生姜高效栽培（全彩版）	29.80
核桃高效栽培	25.00	图说西瓜甜瓜病虫害诊断与防治	25.00
图说猕猴桃高效栽培（全彩版）	39.80	图说苹果高效栽培（全彩版）	29.80
图说鲜食葡萄栽培与周年管理（全彩版）	39.80	图说葡萄高效栽培（全彩版）	45.00
花生高效栽培	16.80	图说食用菌高效栽培（全彩版）	39.80
茶高效栽培	25.00	图说木耳高效栽培（全彩版）	39.80

详情请扫码